architecture
materials
**concrete béton beton**

# architecture materials
# concrete
# béton
# beton

© 2008 EVERGREEN GmbH, Köln

Editorial coordination, editor: Simone Schleifer
Text: Florian Seidel
English translation: Juan Antonio Ripoll, Elizabeth Jackson
for Cillero & de Motta, Saragossa
French translation: Marion Westerhoff
Typesetting and text editing: José Jóvena Casañ
for Cillero & de Motta, Saragossa
Art director: Mireia Casanovas Soley
Graphic design and layout: Ignasi Gracia Blanco

ISBN 978-3-8365-0451-5

Printed in China

# Contents
# Sommaire
# Inhalt

Introduction 06
Introduction 08
Einleitung 10

Interiors
Intérieurs
Innenräume

White Cave 14
House in Chikata 24
Arnau House 34
Orange Grove 46
Outside-In turned
Town House 54
Alonso-Marmelstein
House 64
White Base 72
Jyu-Bako 82
Quito House 92
Patio House 104
Chicken Point House 114
Klang Lane Apartment 124
GGG House 132
Poli House 144

Exteriors
Extérieurs
Außenräume

Nuria Amat House 154
F2 House 166
Holiday Home
in Mar Azul Forest 178
Tóló House 188
House in a
Cherry Orchard 198
3 Bundled Tubes House 206
House in Beroun 216
Moebius House 224
Threefold House 232
Wall House 240
Barro House 248

# Introduction

Concrete is a mixture of cement with aggregates such as sand, crushed stone or gravel together with water. These basic components are admixed with additives, depending on the use to which the concrete is to be put. The water that is added to the concrete does not evaporate but is absorbed by the ingredients of the mixture. Concrete does not dry, it sets. During this chemical process, the concrete undergoes a transformation and is turned into a new material – true artificial stone. This stone takes on a number of different properties as a result of its production process. If air entrainers are added, light or cellular concrete is obtained with insulating properties; certain mineral admixtures modify colors; and the addition of different fibers can increase tensile strength to the point where very fine concrete surfaces can be created. For a number of years, the use of glass fiber has even made it possible to produce translucent concrete, blurring the boundaries between solidity and transparency.

The origins of concrete date back to the time of the Phoenicians, although it was not until the first century AD that the Romans made wide use of it in their monumental buildings in a way that is similar to the modern technique of formwork. Concrete was forgotten in the years following the fall of the Roman Empire until its rediscovery and further development in Great Britain in the 18th and 19th centuries. A great advance came with the use of reinforced concrete. This managed to overcome a fundamental drawback inherent in the concrete used until then: concrete withstands forces of compression extraordinarily well but quickly fails under tension. This is why it is impossible to produce beams or roof tiles from unreinforced concrete. The close combination of steel rebars or mat structures, which absorb tension forces, and concrete, which in turn protects the reinforcement from rust, gives a composite material for universal application – reinforced concrete. The implications of this would revolutionize architecture. Suddenly, never-before-seen extra-wide roof and beam structures could be built. It would take too long to list all of the world-famous, landmark buildings that have been possible thanks to reinforced concrete. However, one thing is clear: The great gravity-defying cantilevered structures and slender columns, essential elements of modern architecture, would be unthinkable were it not for reinforced concrete.

Concrete is the most widely-used building material in the world today. Some seven billion cubic meters of concrete are used in construction each year, more than one cubic meter per person. Nonetheless, most of the concrete is hidden from view as engineering work, foundations; the unexposed parts of roads, bridges and high-rise buildings are made of concrete.

There are great differences of opinion about concrete. While many of its capabilities for construction are highly praised, many people reject its material properties. Concrete is generally regarded as cold, coarse and hard. Its basic color – dark gray – is seen as sad, lifeless and downright ugly. The use of concrete as an economical building material for the gigantic high-rise housing projects on the outskirts of cities has permanently damaged the reputation of this material. Hasty construction and imprecise specifications have often had the unpleasant consequences of building damage and obvious signs of age that have made concrete the symbol of hostile and technocratic housing policies. This rejection is perfectly expressed in the following graffiti message from the 1970s: "Too bad concrete doesn't burn".

Today, the person who consciously chooses to live in a house where concrete is the principal design element does so out of conviction because, once old prejudices have been overcome, the material and tactile qualities of concrete are there to be acknowledged and appreciated. Concrete is stone created by human hands in which the human creative spirit is reflected together with the timelessness and serene appeal of an "everlasting" material. Like natural stone, its origins are revealed on the surface. A building made from concrete is not composed of fixed elements. Rather, a liquid material is molded to create a monolithic body; it is shaped and therefore the intellectual concept on which this form of construction is based is completely different. The formwork material leaves its imprint as a superficial structure in the concrete. With its coarse and grainy texture, this structure can create a play of light and shade or give off a uniform luster in the sunlight. Concrete with a smooth formwork can produce an effect like velvet when reflecting light while a rough formwork can leave behind a lasting organic imprint of the wood used to make it. However, concrete does not leave room for error. If its components do not adhere to quality standards; if due care has not been taken during compacting; or if pipes, connections or dimensions have not been taken into account, rectification is practically impossible after the formwork is removed.

Concrete requires great experience and craftsmanship. These are traditions that have often been developed over generations. Complex shapes are particularly difficult to produce in concrete. The auxiliary wooden or steel structures needed for the formwork are often minor masterpieces of craft. Therefore, quality concrete is linked with great efforts made during planning and construction.

It is no surprise that great architects have designed some of the most famous modern church buildings in exposed concrete. La Tourette monastery chapel by Le Corbusier, the pilgrimage church in Neviges by Gottfried Böhm or the *Church of Light* by Tadao Ando are but three examples worth mentioning.

The houses displayed in this book show the variety of uses that can be made with concrete to permit the design of unique and architecturally interesting buildings and houses.

# Introduction

Le béton est un mélange de ciment et de granulats de sable, gravier ou gravillons, et d'eau. À ces composants de base viennent s'ajouter, selon l'emploi, des adjuvants. L'eau mélangée au béton ne s'évapore pas ; elle est absorbée par les éléments du mélange. Le béton ne se dessèche pas ; on dit qu'il « prend ». Il fait l'objet d'un processus chimique qui s'accompagne d'une modification matérielle donnant naissance à une nouvelle matière, de la véritable pierre artificielle. Selon le procédé de fabrication, cette pierre peut présenter des caractéristiques très diverses. L'apport d'agents à l'origine de la formation de bulles d'air donne du béton cellulaire léger ou poreux, qui est un isolant thermique. Certains minéraux additionnés au mélange modifient la couleur et l'ajout de fibres les plus diverses accroît la résistance à la traction, ce qui permet d'obtenir des surfaces en béton très minces. Depuis quelques années, on peut même, grâce à l'emploi de fibres de verre, produire du béton translucide dans lequel opacité et transparence semblent se confondre.

L'histoire du béton est ancienne ; elle remonte aux Phéniciens. Mais ce n'est qu'au I$^{er}$ siècle après J.C. que les Romains construisent des monuments en béton suivant une technique de coffrage semblable à celle d'aujourd'hui. Après la chute de l'Empire romain, le béton tombera dans l'oubli pendant des siècles. Il faudra attendre les XVIII$^e$ et XIX$^e$ siècles pour le redécouvrir, en Grande-Bretagne, et le perfectionner. L'emploi du béton armé représentera ensuite un immense pas en avant, car il permettait de pallier un inconvénient majeur du matériau : si le béton traditionnel est extrêmement résistant à la compression, en revanche il cède rapidement aux forces de traction, d'où l'impossibilité de l'utiliser pour fabriquer des poutres ou des plafonds. Dans le cas du béton armé, les tiges ou armatures en treillis d'acier destinées à absorber les forces de traction existantes et protégées contre la corrosion par la masse de matériau, donne avec ce dernier une matière adhérente à usage universel. Le béton armé a révolutionné l'architecture. Du jour au lendemain, on a pu réaliser de tout nouveaux plafonds et poutres. Il serait trop long d'énumérer la totalité des édifices mondialement connus qui ont marqué leur époque et dont la construction a été rendue possible par le béton armé. Mais une chose est certaine : les longs encorbellements et poutres élancées, des éléments fondamentaux de l'architecture contemporaine semblant défier les lois de l'apesanteur, sont quasi impensables sans le béton armé.

De nos jours, le béton est le matériau de construction le plus employé sur terre : chaque année, la construction en béton représente 7 milliards de mètres cubes de matériau, soit plus d'un mètre cube par personne. Toutefois, la majeure partie du béton utilisé est invisible : œuvres d'ingénierie, fondations, base des routes et des chaussées, ponts et immeubles, tout est réalisé en béton.

Ceci étant, les avis sur le béton sont très partagés. D'aucuns apprécient énormément ses avantages, mais nombreux sont également ceux qui rejettent ses propriétés matérielles, car le béton est souvent considéré comme froid, brut et dur. Sa couleur de base, gris foncé, est jugée triste, inanimée et laide. En outre, le béton étant un matériau bon marché, il a souvent servi à construire d'immenses tours d'habitation, à la périphérie des villes, ce qui a considérablement nuit à son image. Un rythme de construction accéléré et une absence d'étude détaillée précise ont souvent entraîné des dégâts et des traces de vieillissement disgracieux, faisant du béton le symbole d'une politique de logement technocrate, hostile et inhumaine. Ce rejet du béton est d'ailleurs parfaitement exprimé dans un graffiti des années soixante-dix disant : « Dommage que le béton ne brûle pas ! »

Ceux qui, aujourd'hui, décident sciemment de vivre dans une maison où le béton est l'élément conceptuel privilégié, le font par conviction, car au-delà des préjugés, ils en reconnaissent et apprécient les qualités. Pierre fabriquée par l'homme, le béton reflète tant l'esprit créateur de celui-ci que l'intemporalité et le rayonnement serein d'une matière « éternelle ». À l'instar de la pierre naturelle, sa surface reflète son mode de fabrication. Un édifice en béton n'est pas constitué de composants solides, mais est moulé à partir d'un matériau liquide en un corps monolithique. Modelé de manière plastique, il relève donc d'un concept de construction totalement différent. La matière de coffrage laisse des traces à la surface du béton. Cette structure superficielle, rugueuse ou granuleuse, peut engendrer un jeu d'ombres et de lumières ou briller uniformément au soleil. Une lumière fugitive fait apparaître un béton lisse doux comme du velours. Coulé dans un coffrage en bois rugueux, le matériau conservera éternellement l'empreinte organique de l'essence utilisée. Mais le béton ne pardonne aucune erreur. Si les composants ne répondent pas aux critères de qualité requis, si le compactage est mal fait ou encore si les conduites, raccordements ou mesures n'ont pas été prises en considération, il est quasi impossible de rectifier les erreurs une fois le coffrage retiré.

Par conséquent, la fabrication du béton requiert une expérience, un savoir-faire artisanal et des traditions exceptionnels qui se sont développés au fil des générations. Car il reste extrêmement difficile de réaliser des formes complexes en béton et bien souvent, les moyens de construction en bois ou acier, nécessaires au coffrage, sont eux-mêmes de véritables petites prouesses artisanales. Le béton d'excellente qualité exige une mise en œuvre très importante sur le plan de la planification et de la construction.

Cela explique que de grands architectes aient construit certains des plus célèbres édifices religieux contemporains en béton brut apparent, telles la chapelle du cloître de La Tourette de Le Corbusier, l'église de Neviges signée Gottfried Böhm ou l'*Église de la Lumière* de Tadao Ando, pour ne citer que ces trois exemples.

Les maisons présentées dans cet ouvrage montrent que le béton se laisse façonner de mille et une façons pour créer des édifices et des espaces de vie très individuels et fort intéressants sur le plan architectural.

# Einleitung

Beton ist ein Gemisch aus Zement, Betonzuschlag, also Sand, Kies oder Splitt, und Wasser. Diesen Grundbestandteilen werden je nach Verwendung Zusatzstoffe und -mittel beigemengt. Das Wasser, das dem Beton zugegeben wird, verdunstet nicht, sondern wird von den Bestandteilen der Mischung aufgenommen; Beton trocknet nicht, er „bindet ab". Er erfährt bei diesem chemischen Prozess eine stoffliche Verwandlung und wird zu einem neuen Material, einem wahrhaft künstlichen Stein. Dieser Stein kann je nach Herstellung sehr verschiedene Eigenschaften annehmen. Durch Zugabe von Luftporenbildnern entsteht etwa Leicht- oder Porenbeton mit Wärme dämmenden Eigenschaften, durch Hinzufügung bestimmter Mineralien verändert sich die Farbe, durch unterschiedlichste Fasern kann die Zugfestigkeit so erhöht werden, dass auch sehr dünne Betonflächen möglich werden. Die Verwendung von Glasfasern erlaubt seit einigen Jahren sogar die Produktion von lichtdurchlässigem Beton, sodass die Grenzen von Massivität und Transparenz aufgehoben zu sein scheinen.

Beton hat eine lange Historie, die bis auf die Phönizier zurückgeht, aber erst ab dem 1. Jahrhundert nach Christus wurde er ausgiebig von den Römern für monumentale Bauwerke in einer der heutigen Verschalungstechnik ähnlichen Form verwendet. Nach dem Untergang des Imperium Romanum geriet Beton über Jahrhunderte in Vergessenheit und wurde erst im 18. und 19. Jahrhundert in Großbritannien wiederentdeckt und weiterentwickelt. Ein großer Fortschritt stellte die Verwendung von Stahlbeton dar, der einen wesentlichen Nachteil des bis dahin eingesetzten Betons ausgleichen konnte: Beton reagiert zwar außerordentlich fest auf Druckkräfte, er gibt jedoch Zugkräften schnell nach. Es ist daher unmöglich, etwa Balken oder Deckenplatten aus unbewehrtem Beton herzustellen. Die innige Verbindung von Stahlstäben oder Stahlmatten, die die auftretenden Zugkräfte aufnehmen und Beton, der zugleich die Bewehrung vor Rost schützt, ergibt einen universell einsetzbaren Verbundwerkstoff, den Stahlbeton, der in der Folge die Architektur revolutionieren sollte. Plötzlich waren weitgespannte Decken und Träger möglich, wie sie die Menschen noch nie zuvor gesehen hatten. Es würde zu weit führen, die epochalen, weltberühmten Bauwerke, die durch Stahlbeton ermöglicht wurden, aufzuzählen. Sicher ist aber: Weite Auskragungen und schlanke Stützen, Grundelemente der Architektur der Moderne, die kühn die Schwerkraft herauszufordern scheinen, sind ohne Stahlbeton kaum denkbar.

Heute ist Beton der meist eingesetzte Baustoff der Erde: Jährlich werden weltweit sieben Milliarden Kubikmeter Beton verbaut, mehr als ein Kubikmeter pro Person. Der Großteil des verwendeten Betons bleibt dem Auge allerdings verborgen: Ingenieurbauten, Fundamente, die nicht sichtbaren Konstruktionen von Straßen, Brücken und Hochhäusern werden aus Beton gefertigt.

Die Ansichten über Beton gehen weit auseinander; während seine konstruktiven Möglichkeiten immens geschätzt werden, lehnen viele Menschen seine materiellen Eigenschaften ab, denn Beton gilt gemeinhin als kalt, roh und hart, seine dunkle, graue Grundfarbe wird als trist, unbelebt und hässlich empfunden. Der Einsatz von Beton als preiswerter Baustoff von riesigen Wohnsilos am Rande der Städte hat dem Ruf des Materials dauerhaft geschadet. Ein hohes Bautempo und eine unpräzise Detaillierung hatten oft unansehnliche Bauschäden und Alterungsspuren zur Folge, die den Beton zum Symbol lebensfeindlicher, technokratischer Wohnungspolitik werden ließen. Die Ablehnung fand ihren adäquaten Ausdruck in einem Graffiti der 1970er Jahre: „Schade, dass Beton nicht brennt!"

Wer sich heute also bewusst dafür entscheidet, in einem Haus zu wohnen, das Beton als Gestaltungselement in den Vordergrund rückt, tut dies aus Überzeugung, weil er über die Vorurteile hinaus die materiellen und taktilen Qualitäten des Betons erkennt und schätzt. Beton ist ein von Menschenhand geschaffener Stein, der den Schöpfergeist des Menschen ebenso widerspiegelt wie die Zeitlosigkeit und ruhige Ausstrahlung eines „ewigen" Materials. In seiner Oberfläche drückt sich, wie beim natürlichen Stein, seine Entstehung aus. Ein Gebäude in Betonbauweise wird nicht aus festen Bauteilen zusammengefügt, sondern aus einem flüssigen Material zu einem monolithischen Körper gegossen, also auf eine plastische Art geformt, was ein völlig anderes gedankliches Konzept des Bauens zugrunde legt. Das Material der Schalung hinterlässt seine Spuren als Oberflächenstruktur im Beton. Diese Struktur kann entweder als raue und körnige Fläche ein Spiel von Licht und Schatten ermöglichen oder einen ebenmäßigen Glanz im Licht der Sonne erzeugen. Ein glatt geschalter Beton kann im Streiflicht samtweich wirken, eine sägeraue Schalung dagegen den organischen Abdruck des verwendeten Holzes für immer konservieren. Dabei verzeiht Beton keine Fehler. Wenn die Bestandteile nicht den Qualitätsstandards entsprechen, die Verdichtung unsorgfältig durchgeführt ist oder Leitungen, Anschlüsse oder Maße nicht berücksichtigt worden sind, ist das später, nach dem Entfernen der Schalung, kaum noch zu korrigieren.
Beton erfordert somit ein hohes Maß an Erfahrung und handwerklichem Können, Traditionen, die sich häufig über Generationen entwickelt haben. Gerade komplizierte Formen sind in Beton sehr schwer herzustellen, oft sind schon die hölzernen oder stählernen Hilfskonstruktionen, die man für die Schalung benötigt, kleine handwerkliche Meisterleistungen. Hochwertig ausgeführter Beton ist daher mit einem sehr großen Aufwand bei Planung und Bau verbunden.
Nicht umsonst haben große Architekten einige der berühmtesten Kirchenbauten der Moderne in sichtbar belassenem Beton ausgeführt: die Kapelle des Klosters von La Tourette von Le Corbusier, die Wallfahrtskirche von Neviges von Gottfried Böhm oder die *Kirche des Lichts* von Tadao Ando, um nur drei Beispiele zu nennen.
Die in diesem Band vorgestellten Häuser zeigen, wie vielfältig sich Beton einsetzen lässt, um sehr individuelle und architektonisch interessante Gebäude und Wohnräume zu schaffen.

Interiors
Intérieurs
Innenansichten

# White Cave

*Oita, Japan, 2007*
*Takao Shiotsuka Atelier*
*Photos © Toshiyuki Yano/Nacasa & Partners Inc.*

The special nature of this house mainly comes from its location on a hill with views over the city. Given the uneven terrain and slope, the architects designed a long house comprising a succession of spaces which, at the same time, clearly stands out from the wide variety of buildings surrounding it. "White Cave" is the result of these reflections. It is an unusually narrow building with large windows of differing proportions that makes predominant use of exposed concrete. The uniformity and sobriety of the material of the façade gives the house unity and identity that is extended inside through the continuous, join-free floor and outside to the fine gravel ground cover. The large windows and partially unframed glass unite the exterior and interior, turning this house into a "white cave" of striking dimensions.

La conception particulière de cette maison naît de sa situation sur une colline surplombant la ville. Partant de la forme irrégulière du terrain et de ses différences de niveaux, les architectes ont développé l'idée d'une maison tout en longueur, parcourue par une séquence variée de pièces, tout en se démarquant de l'urbanisation hétérogène environnante. « White Cave », fruit de cette réflexion, est un bâtiment inhabituellement étroit, doté d'immenses fenêtres de dimensions différentes et construit essentiellement en béton apparent. Le matériau de façade, homogène et dépouillé, confère à la maison une cohérence et une identité qui se poursuivent à l'intérieur par le biais de la matière lisse du sol et à l'extérieur par le revêtement de gravier fin du terrain. Les grandes baies vitrées et le vitrage, partiellement dépourvu de cadre, relient l'intérieur à l'extérieur et font de la maison un espace habitable impressionnant, appelé « cave blanche ».

Das besondere Konzept des Hauses beruht auf seiner Lage auf einem Hügel oberhalb der Stadt. Aus dem unregelmäßigen Zuschnitt des Grundstücks und seinem Niveauunterschied entwickelten die Architekten die Idee eines langgestreckten Wohnhauses, das beim Durchqueren eine abwechslungsreiche Folge von Räumen aufweisen, sich zugleich jedoch deutlich von der heterogenen Umgebungsbebauung abheben sollte. „White Cave", das Resultat dieser Überlegungen, ist ein ungewöhnlich schmales Gebäude mit sehr großen, unterschiedlich proportionierten Fensteröffnungen, dessen wichtigstes Material der Sichtbeton ist. Das homogene, nüchterne Fassadenmaterial verleiht dem Haus Zusammenhang und Identität, die sich nach innen in dem fugenlosen Material des Bodens und nach außen in dem feinen Kiesbelag des Geländes fortsetzt. Die großen Fensterflächen und teilweise rahmenlosen Verglasungen verbinden Außen und Innen miteinander und machen das Haus zu einer räumlich beeindruckenden „weißen Höhle".

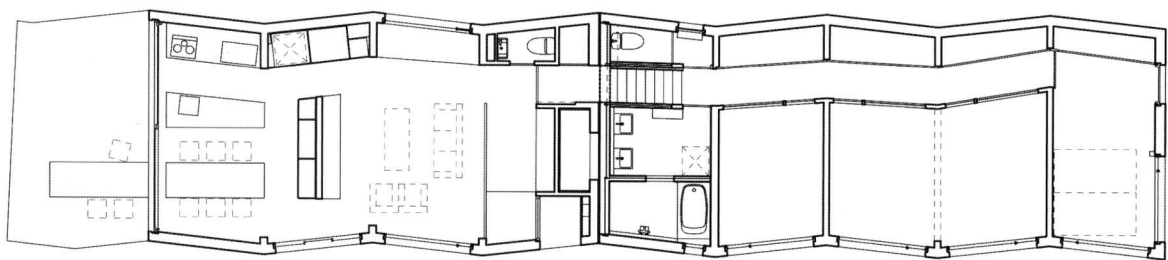

Plan · Plan · Grundriss

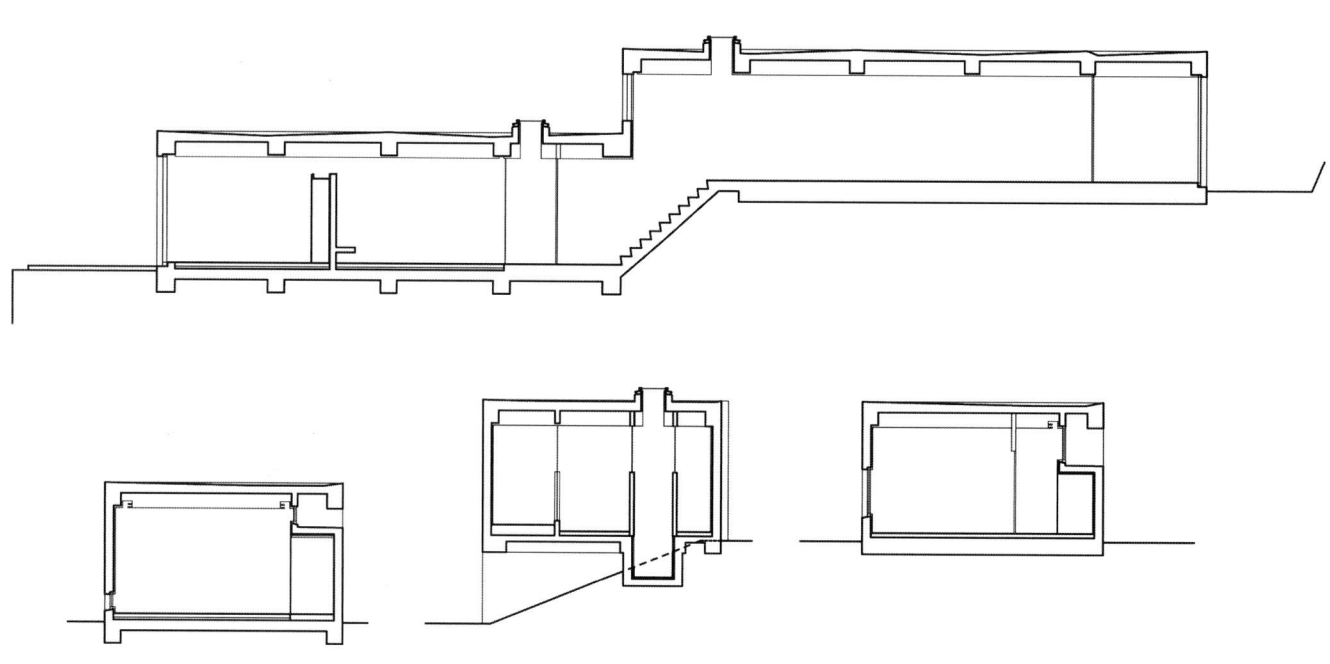

Sections · Sections · Schnitte

The large windows, glass partitions and the continuous white floor, walls and ceiling go toward making this relatively small house seem spacious and bright.

Les grandes ouvertures des fenêtres, les cloisons en verre et la couleur blanche sur tout le sol, les murs et les plafonds contribuent à l'impression d'espace inondé de lumière que dégage cette maison relativement petite.

Große Fensteröffnungen, Glastrennwände und die durchgehend weiße Farbe von Boden, Wand und Decke tragen dazu bei, dass das relativ kleine Haus großzügig und von Licht durchflutet wirkt.

Elevations · Élévations · Aufrisse

# House in Chikata

*Fukuyama, Hiroshima, Japan, 2003*
*Kazunori Fujimoto Architect & Associates*
*Photos © Kaori Ichikawa, Kazunori Fujimoto*

One of the most interesting phenomena taking place in Japanese architecture is the creation of detachment in a setting where density does not allow the existence of real distance. Japanese architects over the years have developed great creativity and sensitivity to balance the subtle proportion between public and private spaces. In order to shield the opening of the terrain to the outside, this house in Chikata, a suburb on the outskirts of the city, was positioned very near to the rear edge of the plot. A totally glazed cube on the upper floor is the large living space of the house. It is set on a plinth of exposed concrete. This creates distance in relation to the setting while providing attractive views. The broad overhanging roof protects the house from the sun and rain, while a curtain offers additional protection from the light. All of the structural elements are exposed – the concrete, steel and glass are so well-proportioned and full of detail that the house needs no additional embellishment.

Un des phénomènes les plus intéressants de l'architecture japonaise est la création de distance dans un environnement qui de par sa densité, en réalité ne le permet pas. Au fil du temps, les architectes japonais ont développé une grande créativité et beaucoup de sensibilité dans l'art d'harmoniser le rapport subtil entre sphère publique et privée. Pour conserver l'ouverture du terrain vers l'extérieur, la maison située à Chikata, une ville de banlieue, a été implantée le plus loin possible au fond du terrain. La grande pièce de vie, un cube tout en verre posé sur un socle en béton apparent, est située à l'étage, ce qui, d'un côté, crée une distance avec l'environnement et de l'autre, permet de jouir d'une belle vue. La dalle du toit, très en saillie, protège du soleil et de la pluie tout en offrant une protection visuelle supplémentaire. Chaque élément de la construction demeure apparent : béton, acier et verre sont si judicieusement proportionnés et détaillés que la maison n'a nullement besoin de décoration complémentaire.

Eines der interessantesten Phänomene in der japanischen Architektur ist die Schaffung von Distanz in einem Umfeld, das durch seine Dichte eigentlich keine Distanz erlaubt. Japanische Architekten haben im Lauf der Zeit eine große Kreativität und Sensibilität darin entwickelt, das subtile Verhältnis von Öffentlichkeit zu Privatheit auszutarieren. Um die Offenheit des Grundstücks nach außen zu bewahren, wurde das Haus in Chikata, einer vorstädtischen Umgebung, weit an die rückwärtige Grenze des Grundstücks versetzt. Der große Wohnraum des Hauses, ein vollständig verglaster Kubus auf einem Sichtbetonsockel, befindet sich im Obergeschoss. Das schafft einerseits Distanz zur Umgebung, andererseits erreicht man dadurch eine schöne Aussicht. Die weit auskragende Dachplatte bietet Schutz vor Sonne und Regen, ein Vorhang zusätzlichen Sichtschutz. Die einzelnen Elemente der Konstruktion bleiben sichtbar: Beton, Stahl und Glas sind so fein proportioniert und detailliert, dass das Haus kein zusätzliches Ornament benötigt.

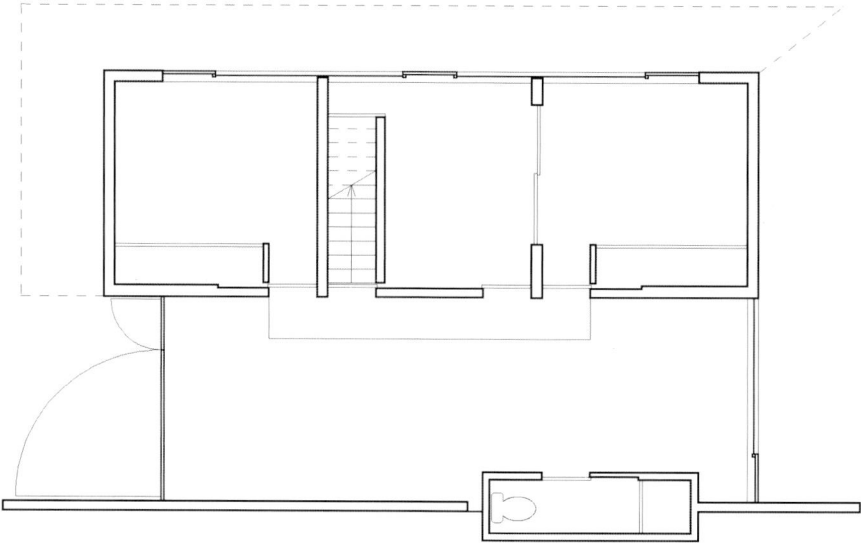

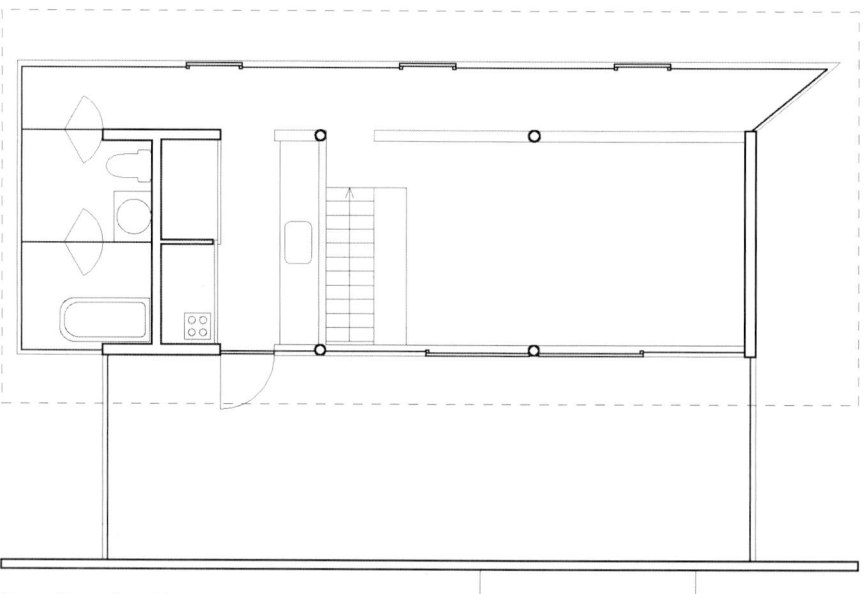

Plans · Plans · Grundrisse

The perfect placement of massive exposed concrete surfaces creates a strong contrast with the frameless windows.
If required, a curtain can be drawn for privacy.

Le développement parfait des surfaces massives en béton apparent provoque un contraste fort avec les surfaces vitrées sans cadres. Si nécessaire, un rideau peut être tiré.

Die perfekt ausgeführten, massiven Sichtbetonflächen und die rahmenlose Verglasung bilden einen starken Kontrast.
Bei Bedarf schafft ein Vorhang Sichtschutz.

# Arnau House

*Otura, Spain, 2006*
*Juan Domingo Santos*
*Photos © Amparo Garrido, Francisco Román, Valentín García, Fernando Alda*

This house is set on a hillside from which wonderful views can be had over the Sierra Nevada Mountains. A large part of the building is below ground level, and it is formed by two wings joined by an underground passage. The larger part contains the living and work areas with the bedrooms located in the smaller part. The pool of water over the roof of the bedrooms cools the rooms below and protects them from the intense summer heat while reflecting the image of the mountains as they can be seen from the other wing of the house. Entry to the house is through the roof from the street that runs above. A winding staircase creates an interesting path through the house to its heart, the spacious living room. This building incorporates traditional Moorish architectural features giving an important role to the winding paths, wide terraces, quiet courtyards and an introverted atmosphere.

Cette maison, implantée sur un versant, jouit ainsi d'une superbe vue sur la Sierra Nevada. En grande partie enterrée dans le terrain, elle se compose de deux complexes reliés par un couloir souterrain : le plus grand module accueille la pièce à vivre et le bureau, le plus petit abrite les chambres à coucher. Le récupérateur d'eau installé sur la partie du toit recouvrant les chambres rafraîchit les pièces situées en dessous et les protège de la chaleur intense de l'été, tout en reflétant le panorama de la chaîne de montagnes dans le salon. L'accès à la maison s'effectue par la rue située au-dessus et on y entre par le toit. Une suite d'escaliers en colimaçon crée un parcours intéressant à travers la maison jusqu'à sa partie essentielle, la spacieuse pièce de vie. La maison présente certaines caractéristiques de l'architecture mauresque traditionnelle, fortement mise en scène par les étroits chemins sinueux, les vastes terrasses, les patios calmes et une ambiance intime.

Das Haus liegt an einem Hang, von dem aus man einen wunderbaren Blick auf die Sierra Nevada hat. Es ist weitgehend in das Gelände eingegraben und besteht aus zwei Komplexen, die durch einen unterirdischen Gang miteinander verbunden sind: In einem größeren Bereich befinden sich die Wohn- und Arbeitsräume, in einem kleineren die Schlafräume. Das Wasserbecken auf dem Dach des Schlafbereichs kühlt die darunter liegenden Räume gegen die intensive Hitze des Sommers und spiegelt zugleich das Panorama der Bergkette in den Wohnraum. Man betritt das Haus von der oberhalb gelegenen Straße aus über das Dach. Eine Folge von gewundenen Treppen ermöglicht einen spannungsvollen Weg durch das Haus bis zu dessen Kernstück, dem großräumigen Wohnbereich. Das Haus weist Charakteristiken der traditionellen maurischen Architektur auf, bei der verschlungene enge Wege, weite Terrassen, stille Patios und eine introvertierte Atmosphäre ebenfalls eine große Rolle spielen.

Ground floor · Rez-de-chaussée · Erdgeschoss

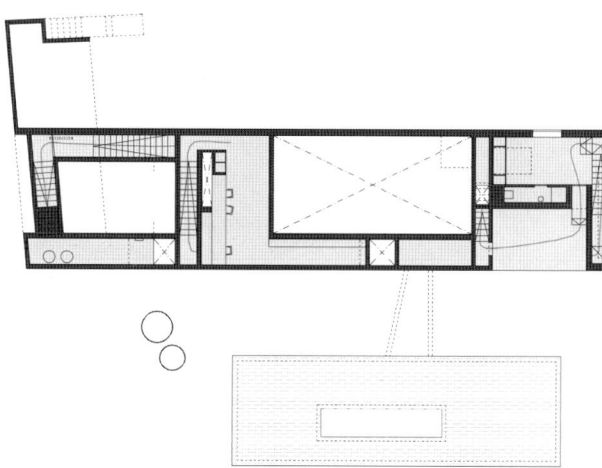

First floor · Premier étage · Erstes Obergeschoss

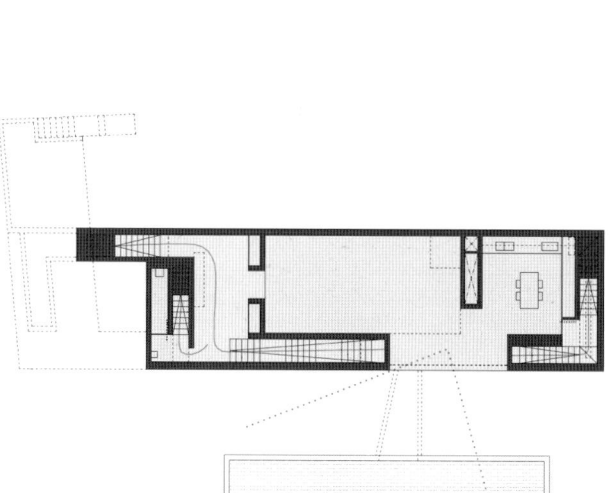

Second floor · Deuxième étage · Zweites Obergeschoss

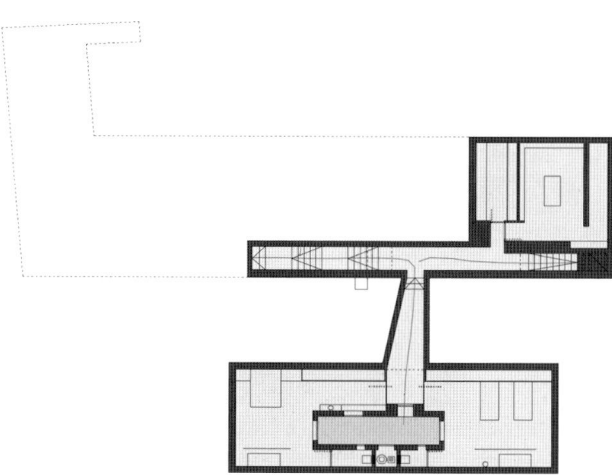

Third floor · Troisième étage · Drittes Obergeschoss

...direct sunlight enters through the cleverly distributed windows running the length of the wall to become an integral part of the architecture.

...âce à l'emplacement judicieux des fenêtres, la lumière tombe sur le mur et pénètre à l'intérieur, devenant ainsi une partie intégrante de l'architecture.

...rch die geschickte Platzierung von Fenstern fällt indirektes Licht entlang der Wand ins Innere und wird somit integraler Teil ...r Architektur.

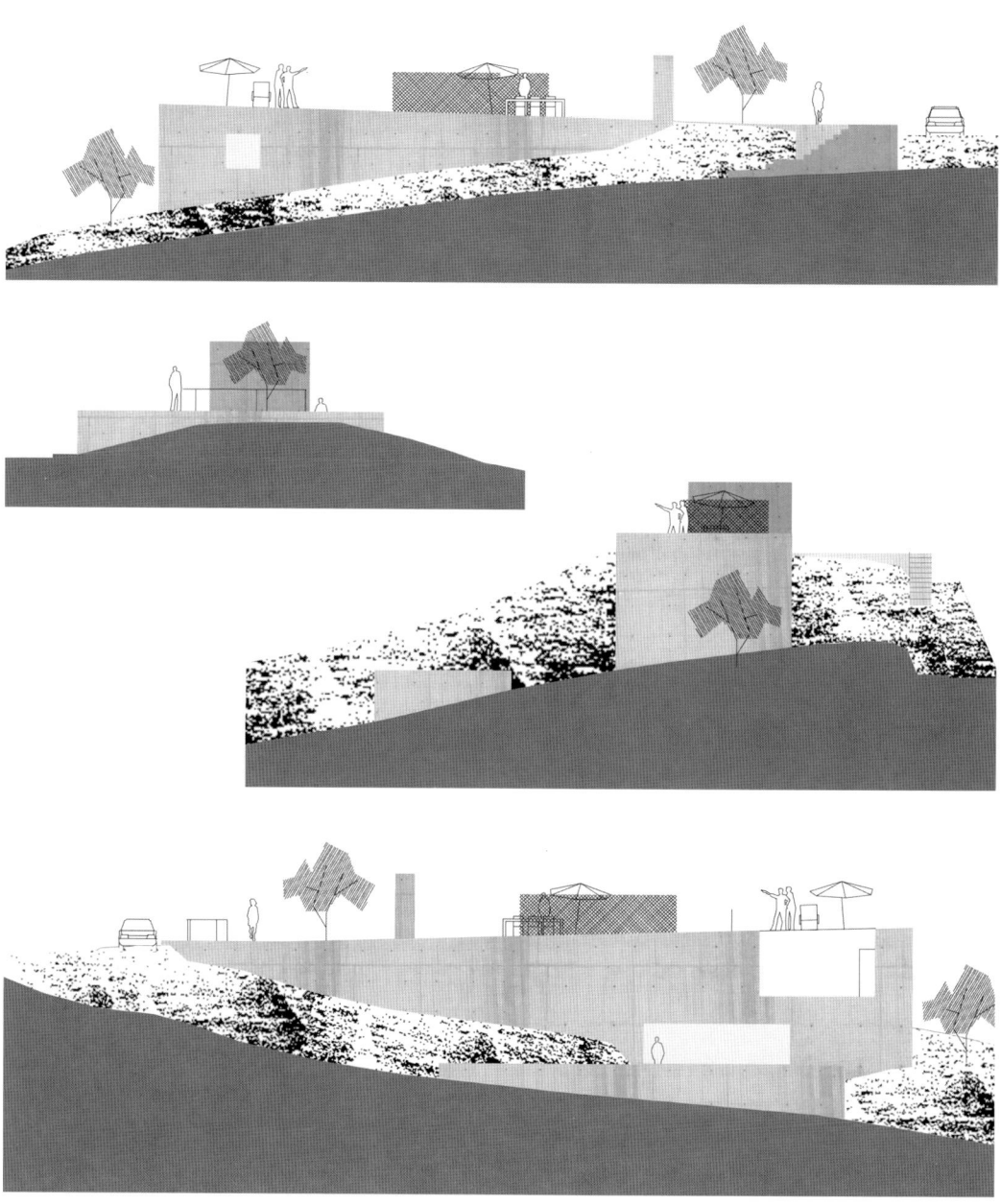

Elevations · Élévations · Aufrisse

This hillside house seems austere and rough from the outside. The bedrooms, located at the front, are dug into the hillside.

À l'extérieur, cette maison située sur une pente semble dépourvue d'ornement, comme laissée à l'état brut. La zone des chambres, placée à l'avant, est profondément ancrée dans la pente.

Von außen wirkt das an einem Hang gelegene Haus schmucklos und roh. Der davor liegende Schlafbereich ist in den Hang eingegraben.

# Orange Grove

*West Hollywood, United States, 2004*
*Pugh + Scarpa Architects*
*Photos © Marvin Rand*

"Orange Grove" is a residential complex with five units, comprising spacious lofts in which the rooms have ceiling heights of up to ten meters. The large windows can be opened completely to allow the terraces and garden to merge with the space in the rooms. In this way, the limits between interior space and exterior are blurred. The street façade is a three-dimensional combination of completely closed surfaces made of different materials and large openings. A number of balconies create a strong relationship with the street. From the choice of materials used, "Orange Grove" is based on the idea of the loft; the industrial style details and materials create the image perceived by the observer. The dynamic intermediate spaces of these lofts are particularly reminiscent of the work by the architect Rudolph Schindler (1887–1953), who built his best-known residences in the Los Angeles area and whose own home is only a short distance away from "Orange Grove".

« Orange Grove » est l'une des cinq unités d'un ensemble résidentiel, constitué de lofts spacieux dont certains atteignent 10 m de haut. Les parois vitrées s'ouvrent presque entièrement pour intégrer terrasses et jardins à l'espace de vie, ce qui fait pratiquement disparaître la séparation entre intérieur et extérieur. La façade côté rue se compose d'une combinaison tridimensionnelle de surfaces complètement fermées en matériaux des plus divers et dotées de grandes fenêtres. Des loggias renforcent encore le lien avec la rue. En ce qui concerne le choix des matériaux, « Orange Grove » s'inspire de l'idée des lofts : matières et détails à caractère industriel en sont les éléments principaux. Notamment les extravagants passages entre les pièces des lofts rappellent l'œuvre de l'architecte Rudolph Schindler (1887-1953). Ce dernier a réalisé à Los Angeles et dans les environs ses plus célèbres immeubles, entre autres sa maison personnelle qui se trouve non loin d'« Orange Grove ».

„Orange Grove" ist eine aus fünf Einheiten bestehende Wohnanlage, die aus großzügigen Loftwohnungen mit bis zu 10 m hohen Räumen besteht. Die Fensterwände lassen sich weit öffnen, um die Terrassen und den Garten in den Wohnraum mit einzubeziehen. Die Grenze von Innen- und Außenraum wird dadurch praktisch aufgehoben. Die Straßenfassade besteht aus einer dreidimensionalen Kombination von völlig geschlossenen Flächen unterschiedlicher Materialien mit großen Fensteröffnungen. Loggien stellen zusätzlich einen starken Bezug zur Straße her. Von der Materialwahl her orientiert sich „Orange Grove" an der Idee des Lofts: Industriell wirkende Materialien und Details bestimmen den Eindruck. Vor allem in den spannungsvollen Raumübergängen erinnern die Lofts an das Werk des Architekten Rudolph Schindler (1887-1953), der in Los Angeles und Umgebung seine berühmtesten Wohnhäuser realisierte, und dessen eigenes Wohnhaus sich in nur geringer Entfernung zu „Orange Grove" befindet.

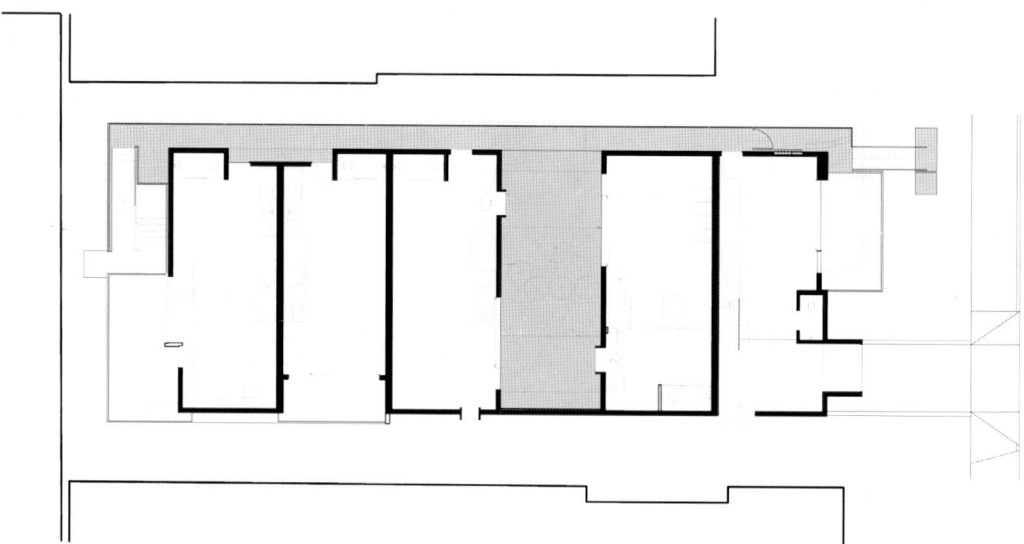

Ground floor · Rez-de-chaussée · Erdgeschoss

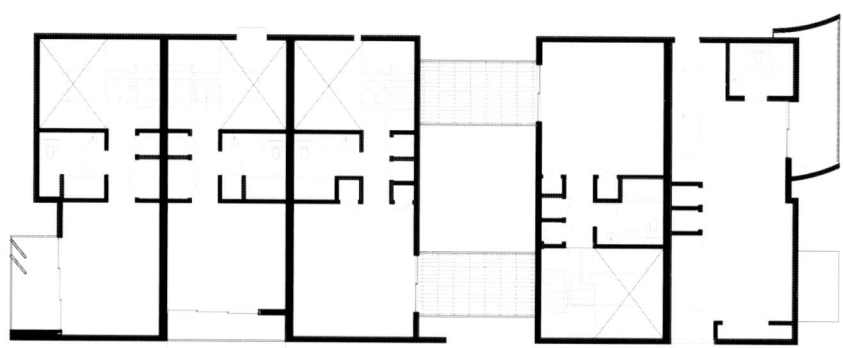

Second floor · Deuxième étage · Zweites Obergeschoss

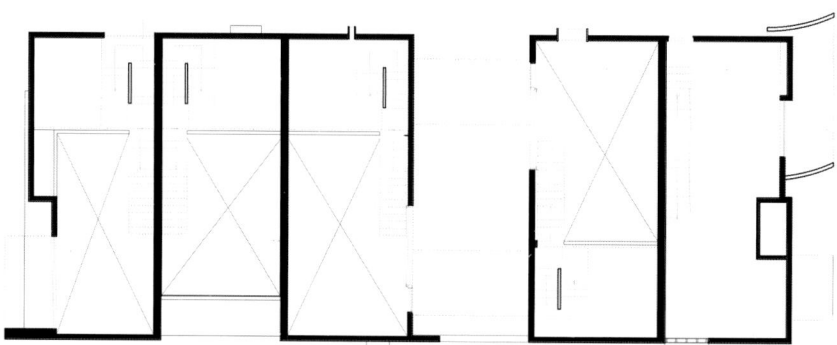

Mezzanine · Mezzanine · Zwischengeschoss

...eat ceiling height gives these relatively narrow dwellings unexpected spaciousness. Long and straight staircases connect
...e levels.

...âce à l'extrême hauteur de l'espace, les logements relativement étroits paraissent étonnamment spacieux. De longs
...caliers rectilignes relient les niveaux les uns aux autres.

...urch die extreme Raumhöhe erhalten die relativ schmalen Wohnungen eine ungeahnte Großzügigkeit. Lange, gerade Treppen
...rbinden die Ebenen miteinander.

# Outside-In turned Town House

*Doetinchem, The Netherlands, 2007*
*Rooijakkers + Tomesen Architecten*
*Photos © Luuk Kramer*

This is a refurbishment project for an existing block of dwellings and commercial premises. Instead of demolishing and building from scratch, the architects decided to fully restructure the upper floor, destined for the residence. A round courtyard and terrace were carved out of the top floor. All of the rooms in the building open onto this terrace, which has become the core of the house. Most of the existing façade was kept unchanged. Only a new window opening out from the living room projects from the façade to offer a view of the street. The rooms requiring more privacy, such as the bedrooms and bathroom, are stepped back from the courtyard. The intense color and abundant sunlight entering from the skylights give these rooms a special atmosphere. The courtyard at the center of the house makes it an ideal place for relaxation. This impression is enhanced by the use of natural materials and as homogeneous a decor as possible.

Ce projet concerne la restructuration d'un immeuble composé d'un logement et d'un magasin. Au lieu de démolir le bâtiment et de le reconstruire, les architectes ont proposé de revoir entièrement l'habitation à l'étage. Ils y ont découpé un patio circulaire et la terrasse ainsi obtenue, sur laquelle donnent toutes les pièces à vivre, constitue le cœur de l'habitation. La façade extérieure, en grande partie aveugle, a été largement conservée dans son état originel. Seule une nouvelle fenêtre en dépasse, ce qui permet de voir sur la rue. Les pièces nécessitant plus d'intimité, telles les chambres et la salle de bains, sont plus éloignées du patio. Des couleurs intenses et la lumière du jour abondante déversée par les lucarnes confèrent à ces pièces une atmosphère particulière. Le patio, au centre de la maison, offre un endroit calme où se ressourcer. Ceci est accentué par l'emploi de matériaux naturels et une conception la plus homogène possible.

Bei dem Projekt handelt es sich um den Umbau eines bestehenden Wohn- und Geschäftshauses. Anstatt das Gebäude abzureißen und neu zu bauen, schlugen die Architekten eine grundlegende Umstrukturierung des oben gelegenen Wohngeschosses vor. Ein kreisrunder Patio wurde in das Obergeschoss eingeschnitten. Diese Terrasse, die von allen Wohnräumen des Hauses zugänglich ist, bildet das Herzstück der Wohnung, während die bestehende Außenfassade in ihrem weitgehend geschlossenen Zustand beibehalten wurde. Lediglich ein neues Fenster ragt aus der Fassade und ermöglicht einen Blick auf die Straße. Räume, die mehr Privatsphäre benötigen, wie Schlafräume oder Badezimmer, liegen weiter vom Patio entfernt. Intensive Farbe und reichlich durch Dachfenster einfallendes Tageslicht geben diesen Räumen eine besondere Atmosphäre. Der Patio als Zentrum des Hauses macht das Haus zu einem in sich ruhenden Ort. Die Verwendung natürlicher Materialien und eine möglichst einheitliche Gestaltung unterstreichen diese Absicht.

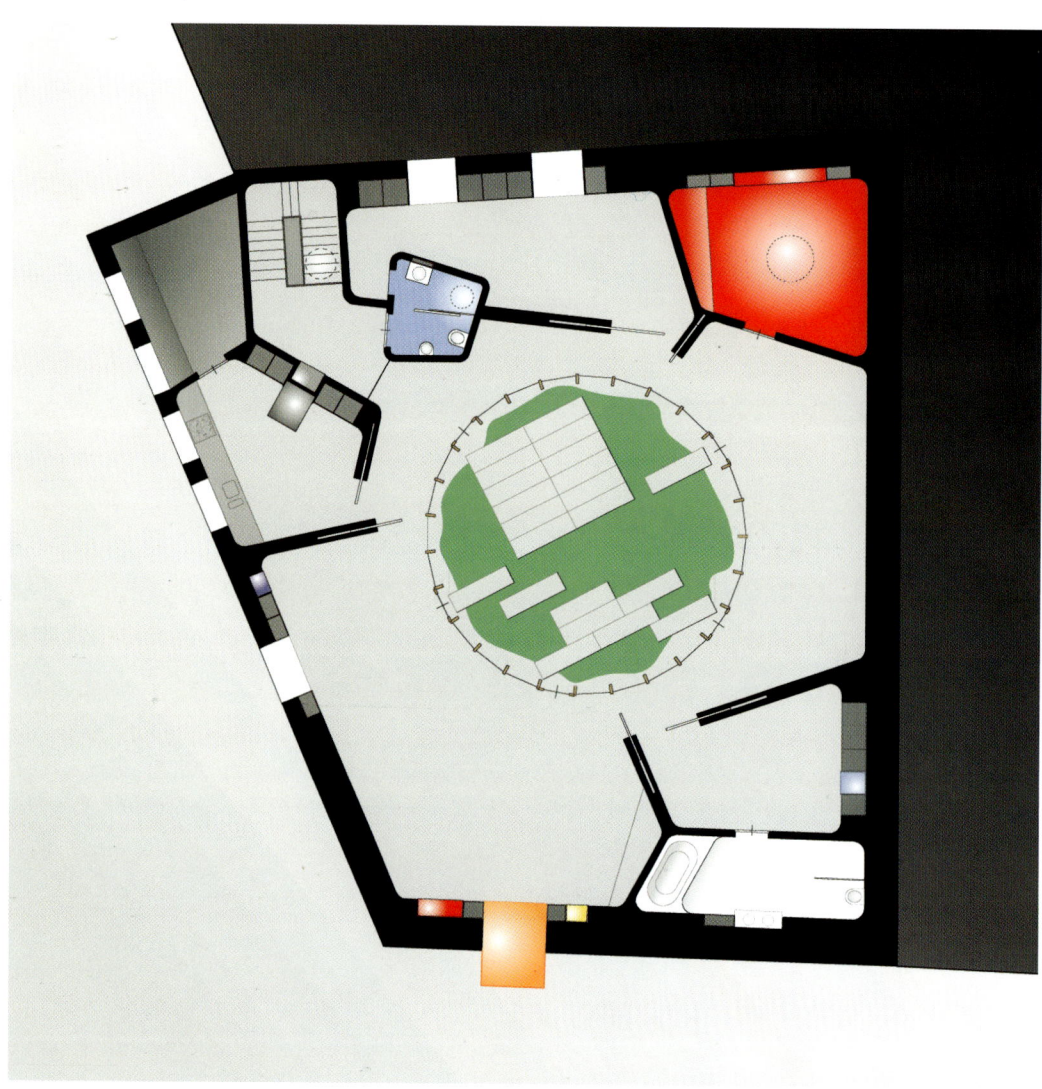

Plan · Plan · Grundriss

...ophisticated scheme of color and materials runs throughout the dwelling and differentiates each area.
...nsemble de l'habitation répond à un solide concept en ce qui concerne les matériaux et les couleurs, faisant de chaque ...droit un espace unique.
...durchdachtes Farb- und Materialkonzept durchzieht die gesamte Wohnung und macht jeden Bereich zu einem ...verwechselbaren Ort.

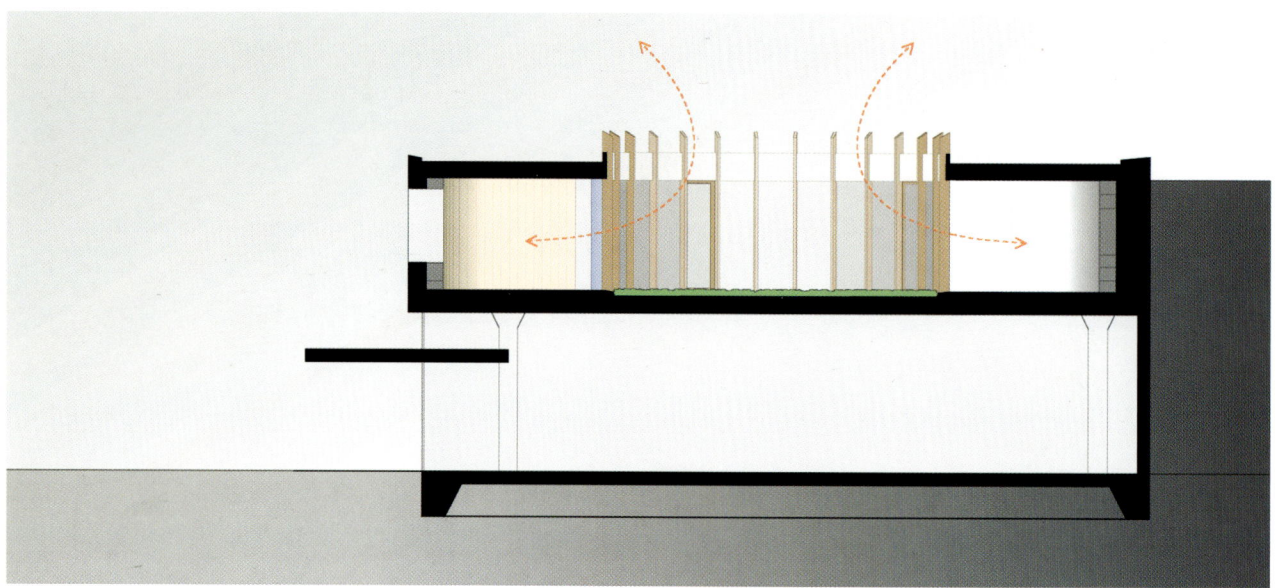

Section · Section · Schnitt

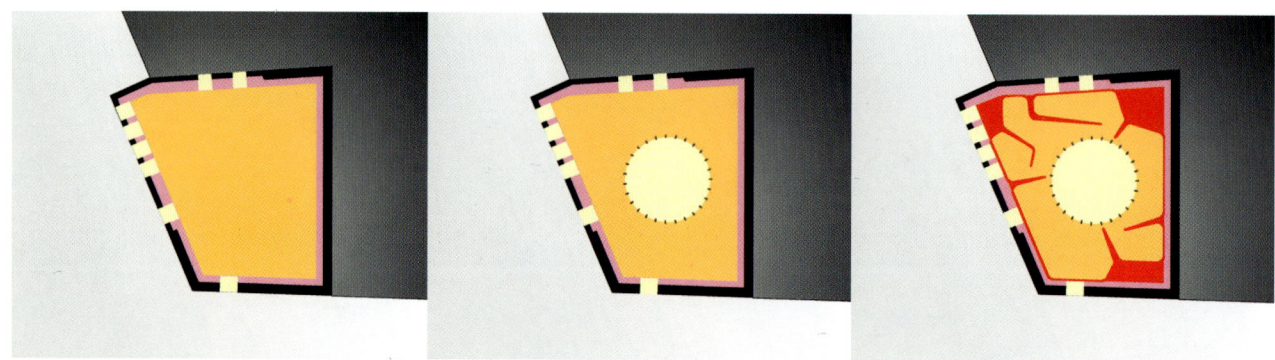

Construction phases · Phases de la construction · Bauphasen

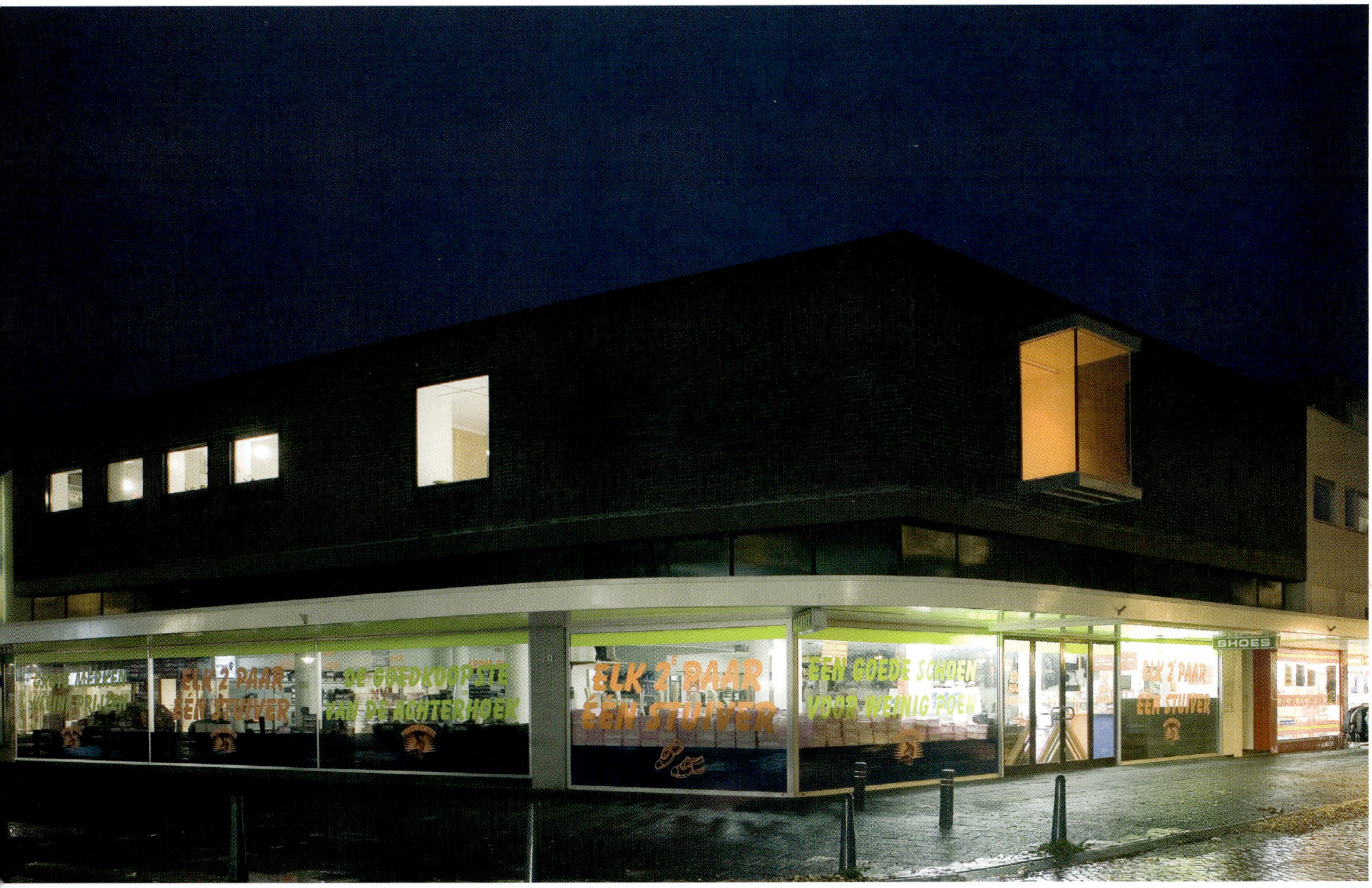
ELK 2e PAAR
EEN STUIVER
EEN GOEDE SCHOEN
VOOR WEINIG POEN
SHOES

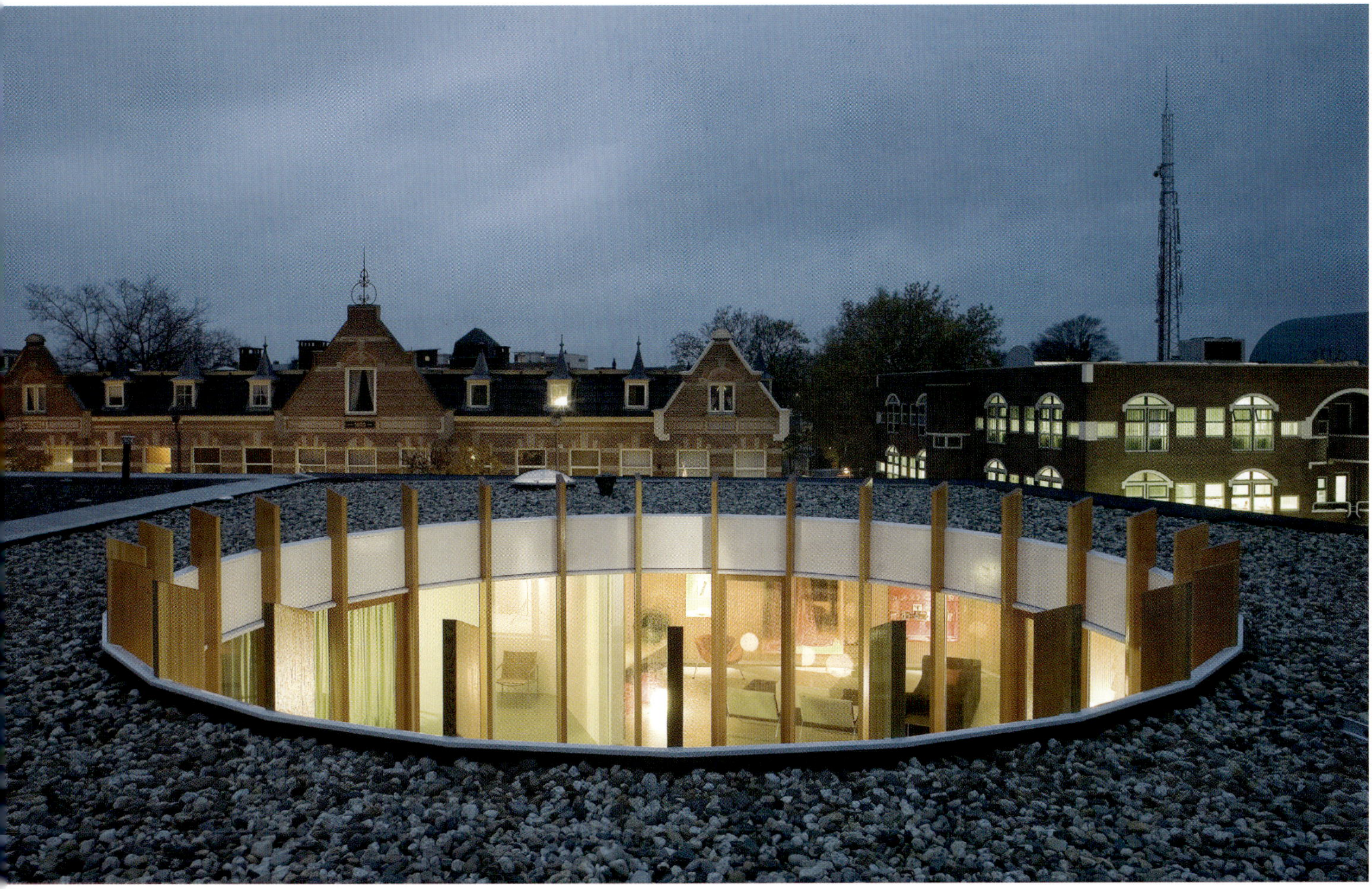

# Alonso-Marmelstein House

*Barcelona, Spain, 2005*
*Alonso Balaguer y Arquitectos Asociados*
*Photos © Jose María Molinos, Pedro Pegenaute*

This project for a joint dwelling for two families was laid out on a long and narrow plot. The two houses were built over a common garage although they are independent of each other. Owing to the narrow plot, it was important that the architects enhanced the presence of light in order to achieve a sense of space, despite the lack of it. For this reason, the façades are almost completely made of glass while the patios and open areas, over different levels, enable light to penetrate into all areas of the building. The terraces produce the effect of the living areas extending outside the building. The structure is concrete, exposed here and there and at times combined with different materials such as wood and natural stone. If required, the large glass expanses can be covered with colored fabric to give the building a Scandinavian look.

Pour réaliser ce projet, un ensemble résidentiel destiné à deux familles, l'architecte disposait d'un terrain étroit, tout en longueur. Les deux maisons ont été construites sur un garage commun, tout en demeurant totalement indépendantes. Étant donné l'extrême étroitesse du site, l'architecte a accordé une grande importance à l'apport de lumière, afin de créer une impression d'espace en dépit des caractéristiques du terrain. Pour ce faire, les façades ont été en grande partie vitrées. Le concept des patios et des nombreuses pièces spacieuses sur plusieurs étages visait à laisser pénétrer la lumière en abondance dans toutes les sphères de vie du bâtiment. Les terrasses ont permis d'élargir les espaces de vie vers l'extérieur. La construction a été réalisée en béton partiellement apparent, et partiellement combiné à divers matériaux comme le bois et la pierre naturelle. Avec ses immenses vitrages qui peuvent être, au gré des besoins, obturés par des voilages de couleurs, la maison rappelle l'architecture scandinave.

Für das Projekt, eine gemeinsame Wohnanlage für zwei Familien, stand ein langes, schmales Grundstück zur Verfügung. Beide Häuser wurden auf einer gemeinsamen Parkgarage erbaut, sind jedoch jeweils unabhängig voneinander erschlossen. Aufgrund des extrem schmalen Zuschnitts des Grundstücks war den Architekten die Lichtführung besonders wichtig, um trotz der Enge einen Eindruck von Großzügigkeit zu erreichen. So sind die Fassaden weitgehend verglast, daneben lassen Patios und über mehrere Ebenen reichende Lufträume das Licht weit in alle Gebäudebereiche eindringen. Terrassen erweitern die Wohnräume ins Freie. Die Konstruktion besteht aus Beton, der teilweise sichtbar belassen wurde, aber auch mit unterschiedlichen Materialien wie Holz und Naturstein kombiniert wurde. Die großflächigen Verglasungen können bei Bedarf mit farbigen textilen Sichtblenden verschlossen werden, die dem Haus eine skandinavische Optik verleihen.

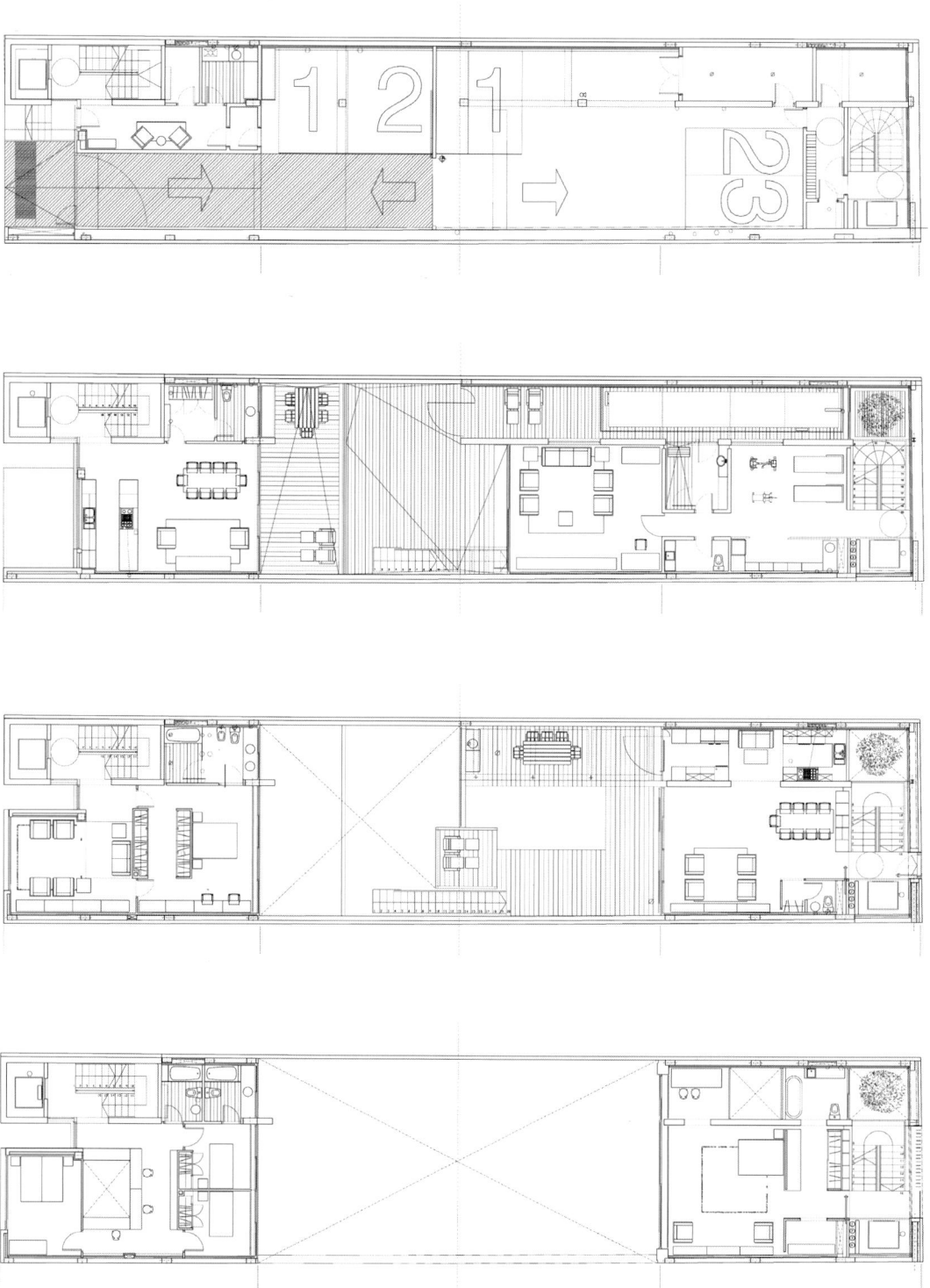

Plans · Plans · Grundrisse

ery part of the building receives natural light, even the lower levels. The garage is also a very attractive entrance.

nformément au concept de l'architecte, toutes les zones de la maison reçoivent la lumière naturelle, y compris celles uées à l'étage inférieur. Le garage-parking fait une entrée tout à fait attrayante.

e Bereiche des Hauses erhalten ein natürliches Lichtkonzept, auch die in den unteren Geschossen gelegenen. Die rkgarage wird zu einem durchaus attraktiven Eingangsbereich.

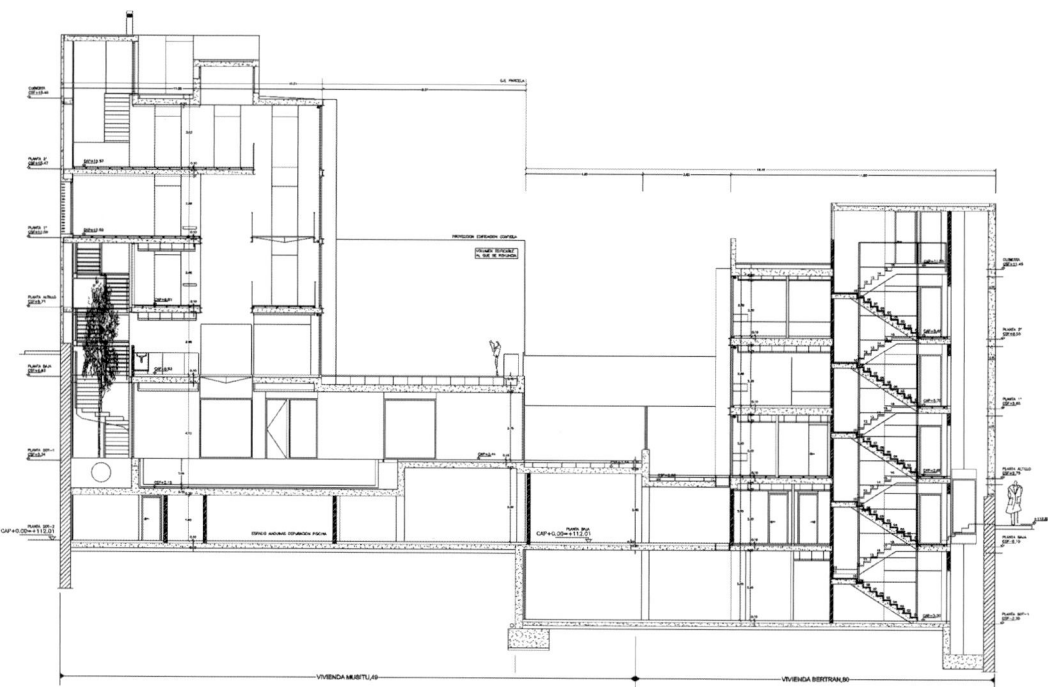

Longitudinal section 1 · Section longitudinale 1 · Längsschnitt 1

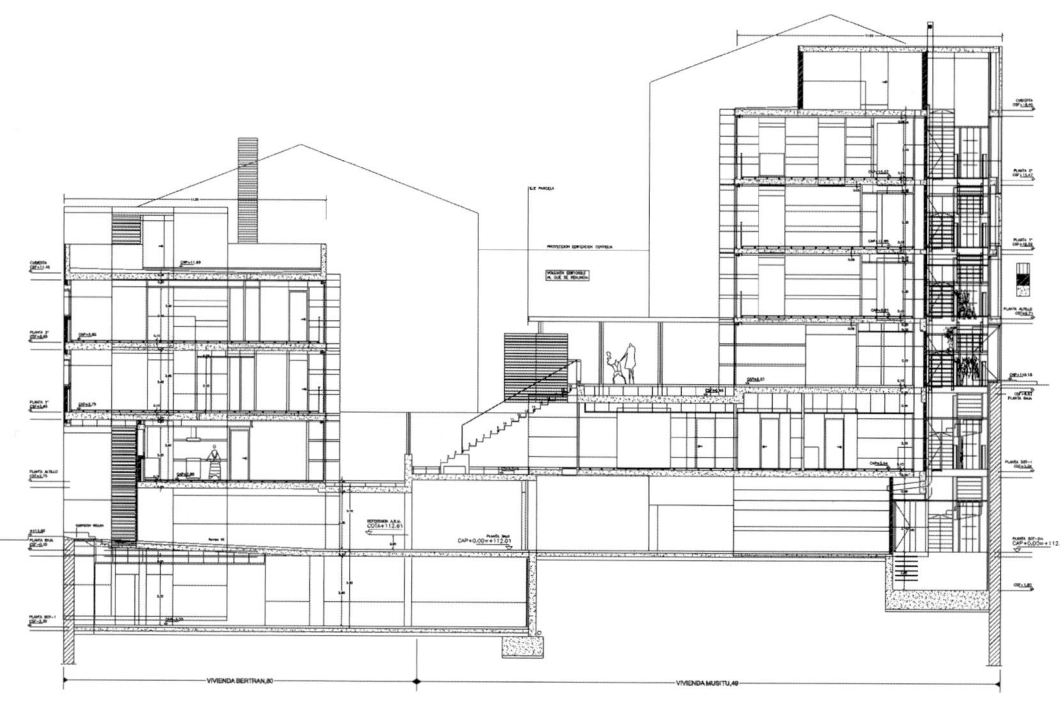

Longitudinal section 2 · Section longitudinale 2 · Längsschnitt 2

# White Base

*Kodaira, Tokyo, Japan, 2006*
*Akira Yoneda / Architecton*
*Photos © Koji Okumura*

"White Base" is both home and studio for a young and successful Japanese manga artist. Everything is focused on the name, taken from a space station belonging to the world of his comics. The dramatic cantilevers of the house are reminiscent of the artist's graphic world and are a source of inspiration and a starting point for new journeys of creative exploration. While the studio is located in the basement, the bedrooms are situated in the cubic structure of the upper floors, clad in steel panels. The architect has managed to create a light and bright ground floor while the bedrooms on the upper floor are reserved and private. Here, the reduced forms of the exposed concrete favor the concentration of the basics. The owner's collection of exotic sports cars has an important role: they are displayed in the house and add to the creative inspiration.

« White Base » est à la fois la demeure et le studio d'un célèbre jeune dessinateur japonais de Manga. Ce nom, tiré d'une station spatiale de son univers de bandes dessinées, définit le concept : la maison, aux encorbellements dramatiques, qui rappelle le monde de dessin animé de l'artiste, sert en même temps de source d'inspiration et de point de départ à de nouveaux voyages découvertes imaginaires. Alors que la cave abrite le studio, les espaces de vie se trouvent à l'étage du bâtiment, dans la partie cubique, habillée de plaques d'acier. Les architectes ont réussi à réaliser un rez-de-chaussée clair et lumineux, et à rendre les pièces à l'étage intimes. Des formes discrètes en béton apparent favorisent ici la concentration sur l'essentiel. Les voitures de sport exotiques, collection personnelle du jeune maître des lieux, jouent un rôle central dans cette demeure : exposées pour être vues, elles sont en même temps une source d'inspiration créatrice.

„White Base" dient einem jungen, erfolgreichen japanischen Manga-Zeichner als Wohnhaus und Studio. Der Name, einer Weltraumstation seines Comic-Universums entlehnt, ist Programm: Das Haus mit seinen dramatischen Auskragungen erinnert an die zeichnerische Welt des Künstlers und ist zugleich Inspirationsquelle und Ausgangspunkt für neue kreative Entdeckungsreisen. Während im Keller das Studio untergebracht ist, befinden sich die Wohnräume in dem kubischen Baukörper der Obergeschosse, der mit Stahlplatten verkleidet ist. Dabei ist es dem Architekten gelungen, das Untergeschoss hell und licht zu gestalten, die Wohnräume im Obergeschoss dagegen zurückhaltend und intim. Reduzierte Formen aus Sichtbeton fördern hier die Konzentration auf das Wesentliche. Eine zentrale Rolle im Haus spielen die exotischen Sportwagen, die der Hausherr sammelt: Sie sind im Haus ausgestellt und dienen ebenfalls der schöpferischen Inspiration.

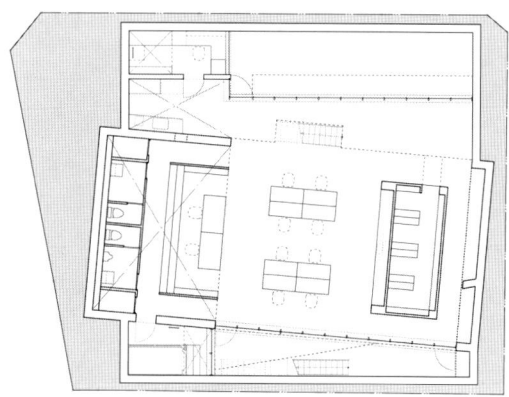

Basement · Sous-sol · Kellergeschoss

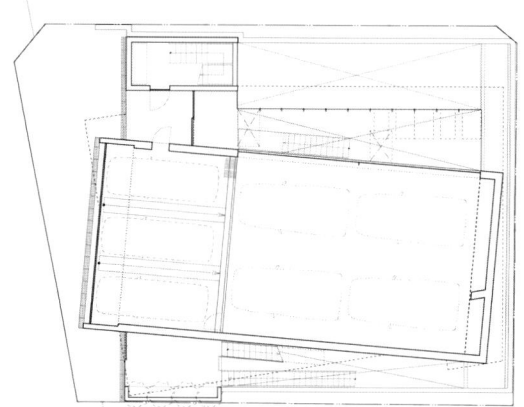

Ground floor · Rez-de-chausée · Erdgeschoss

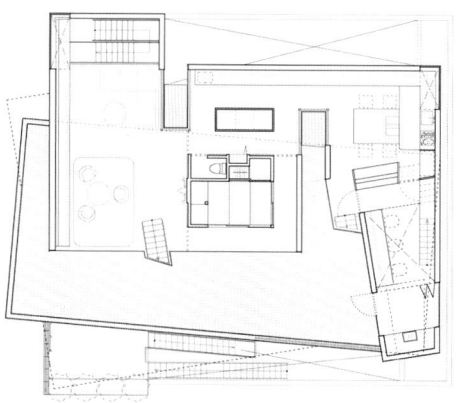

First floor · Premier étage · Erstes Obergeschoss

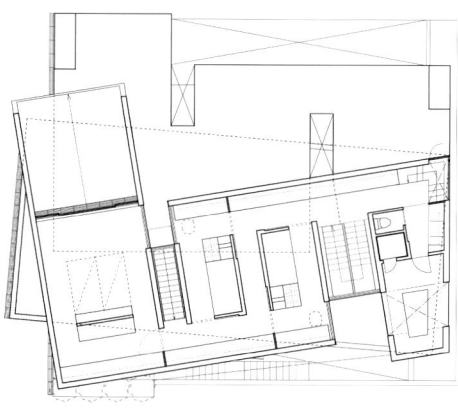

Second floor · Deuxième étage · Zweites Obergeschoss

This is a house made up of very different areas. The contrast is best experienced in the intermediate spaces.

Dans cette maison constituée d'espaces de vie opposés, les contrastes sont davantage perceptibles dans les zones de transition.

In einem aus gegensätzlichen Wohnbereichen zusammengefügten Haus kann man die Kontraste in den Übergangsbereichen am besten erfahren.

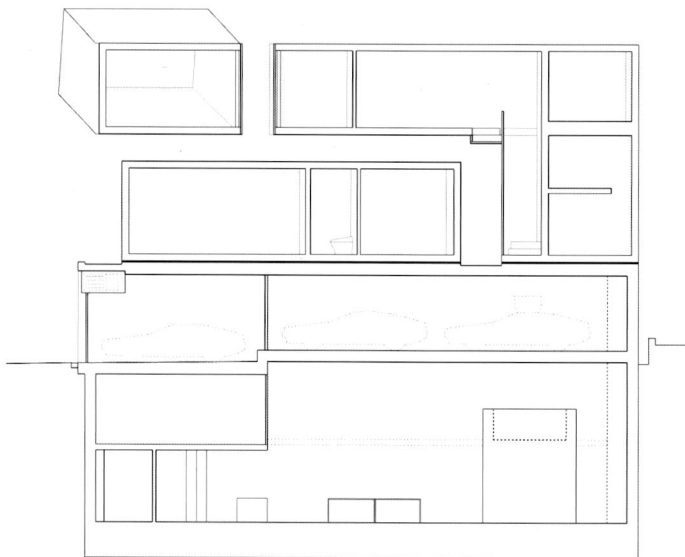

Longitudinal section · Section longitudinale · Längsschnitt

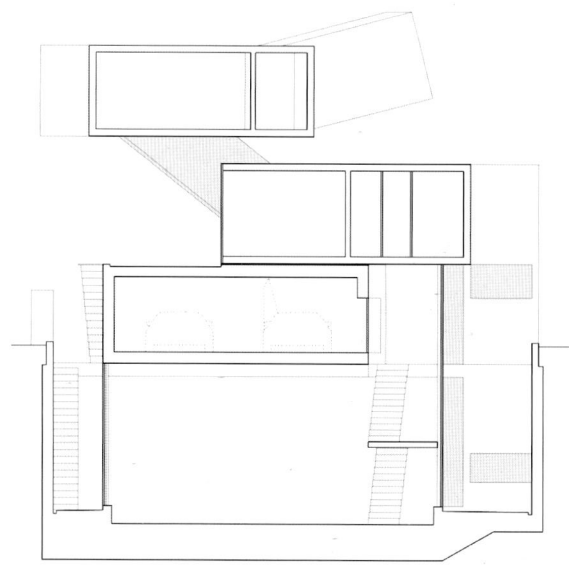

Cross section · Section transversale · Querschnitt

# Jyu-Bako

*Tokyo, Japan, 2004*
*Yasuhiro Yamashita / Atelier Tekuto*
*Photos © Makoto Yoshida*

According to Japanese tradition, Jyu-Bako refers to a series of receptacles, placed artistically one inside the other, to wrap presents. The rooms of this house are combined with each other through the same art and contain a restaurant in the smallest space, a street-level garage and a dwelling on the upper floors. The rooms are inserted into each other in an L shape, both horizontally and vertically. In this way, an interior full of very distinct spaces is created from a relatively small building, allowing a view of several levels at the same time. In addition to this very developed spatial composition, the combination of material and light is essential for the visual effect of the building. While the mostly dark materials give a raw, industrial feel – prefabricated concrete, aluminum windows, galvanized steel and parquet flooring – the lighting is very sophisticated and alternates translucent glass, indirect sunlight and intense light sources.

Selon la tradition japonaise, Jyu-Bako désigne une série de contenants artistiquement imbriqués, utilisés pour emballer des cadeaux. Les pièces sont combinées les unes aux autres de la même façon artistique dans cette maison qui abrite dans un espace très réduit à la fois un restaurant, un garage au niveau de la rue et un appartement à l'étage. Les pièces s'emboîtent l'une dans l'autre en formant un L, à l'horizontale comme à la verticale. Cela crée un intérieur aux espaces très polyvalents dans un bâtiment relativement petit, avec vue sur différents niveaux. À côté de la composition spatiale très sophistiquée, c'est l'association des matériaux et de la lumière qui contribue essentiellement à l'impact visuel de la maison : si les matériaux, sombres en grand partie, paraissent industriels et bruts – béton préfabriqué, cadres de fenêtre en aluminium, acier zingué et parquets en bois – la conception de l'éclairage est, quant à elle, très subtile : verre translucide, alternance de lumière du jour indirecte et de sources de lumière crue.

Nach japanischer Tradition bezeichnet Jyu-Bako eine Serie kunstvoll ineinandergefügter Behälter, die zum Verpacken von Geschenken verwendet werden. Ähnlich kunstvoll sind die Räume in diesem Haus miteinander kombiniert, das auf engstem Raum ein Restaurant, eine Garage auf Straßenniveau und eine Wohnung in den Obergeschossen beherbergt. Die Räume des Hauses greifen L-förmig ineinander, sowohl in horizontaler als auch in vertikaler Richtung. Auf diese Weise entsteht in dem relativ kleinen Gebäude ein räumlich sehr vielseitiges Interieur, das den Blick über mehrere Ebenen erlaubt. Neben der hochentwickelten Raumkomposition ist die Kombination von Material und Licht für die Wirkung des Hauses wesentlich. Während die überwiegend dunklen Materialien industriell und roh anmuten – vorgefertigter Beton, Aluminiumfenster, verzinkter Stahl, daneben Holzparkett –, ist das Lichtkonzept raffiniert: Durchscheinendes Glas, indirekt einfallendes Tageslicht und grelle Lichtquellen wechseln einander ab.

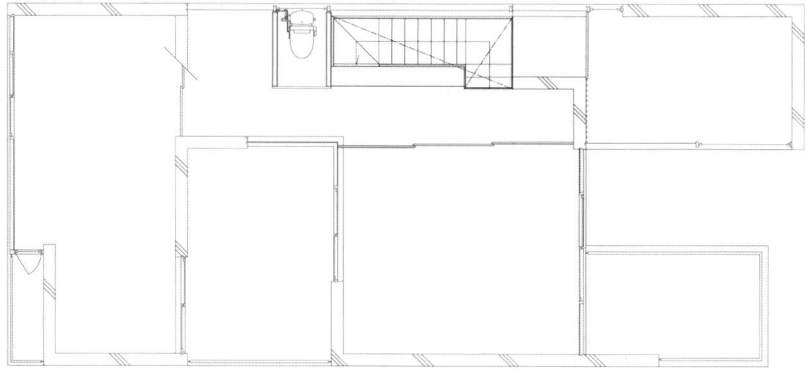

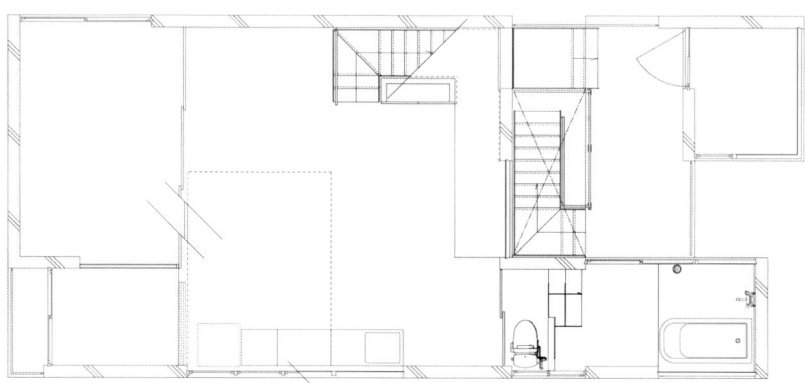

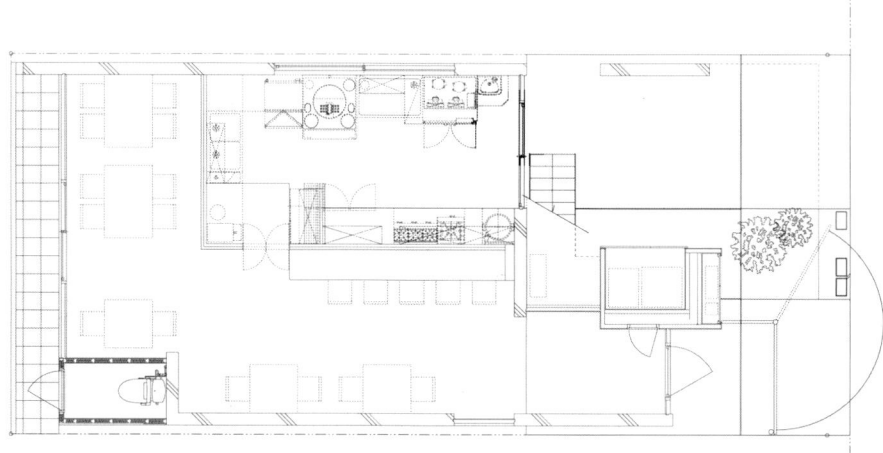

Plans · Plans · Grundrisse

The prefabricated pieces of exposed concrete are the perfect background for the most diverse combinations of material. The house has a light and original appearance.

Les éléments préfabriqués en béton apparent servent de toile de fond aux combinaisons de matériaux les plus variées. Cette maison lumineuse frappe par son originalité.

Die sichtbar belassenen Betonfertigteile bilden den Hintergrund für unterschiedlichste Materialkombinationen. Das Haus wirkt leicht und doch ausgefallen.

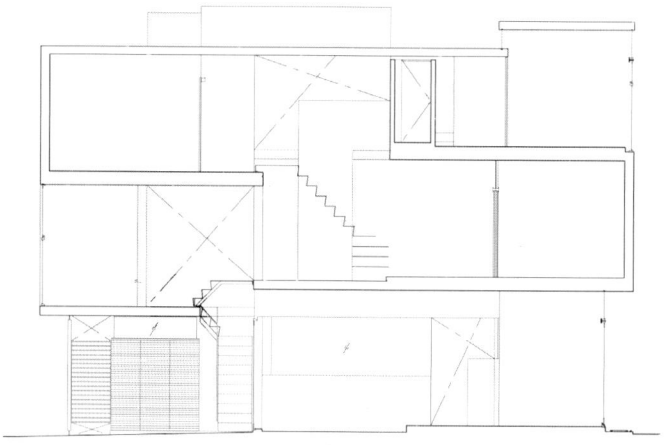

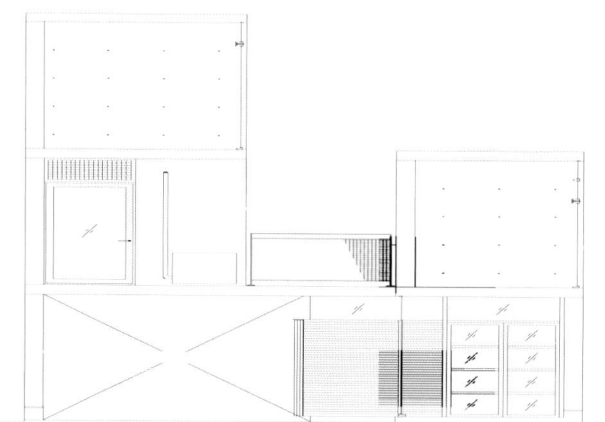

Sections · Sections · Schnitte

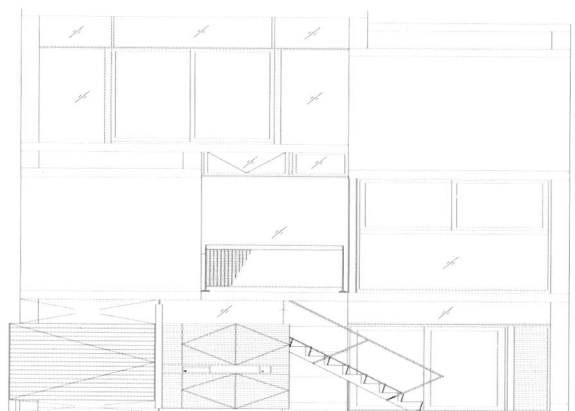

Elevation · Élévation · Aufriss

# Quito House

*Quito, Ecuador, 2002*
*Carlos Zapata*
*Photos © Undine Pröhl*

The central idea for the layout of this house was the sweeping views of the Andes to be had from this rocky plot located on a hillside. The two wings of the house open in a wide angle to face this view. The main wing ends with an overhanging terrace facing the Cotopaxi volcano, while the rear wing opens onto a walkway running the length of the swimming pool. This pool begins inside the house and extends to the exterior. The house is built with a load-bearing frame of steel and concrete which allows large areas to be glazed. The concrete is smooth and exposed in the interior and combines with lavish wooden interior features. When seen from afar, the panes of green tinted glass merge the house into its natural setting.

L'idée centrale de la conception de cette maison s'articule autour de la vue spectaculaire sur les Andes dont jouit ce terrain accroché à une pente rocheuse. Le bâtiment dessine avec ses deux ailes un grand angle ouvert sur ce paysage. L'aile principale se termine par une terrasse en saillie donnant sur le volcan Cotopaxi, alors que l'aile arrière débouche sur un ponton qui longe la piscine. Celle-ci part de l'intérieur de la maison et se prolonge à l'extérieur. Le bâtiment est construit à partir d'une structure portante en acier et béton grâce à laquelle on a pu poser de grandes surfaces vitrées. À l'intérieur, le béton apparent et lisse se conjugue à des aménagements en bois très coûteux. Les vitres teintées en vert sont conçues de manière à ce que, vue de loin, la maison se fonde à l'environnement naturel.

Der zentrale Gedanke beim Entwurf dieses Hauses war der beeindruckende Ausblick von dem an einem Hang gelegenen felsigen Grundstück aus auf die Anden. Das Gebäude bildet daher mit seinen zwei Flügeln einen weiten Winkel in Richtung dieses Ausblicks. Der Hauptflügel endet in einer überhängenden Terrasse, die auf den Vulkan Cotopaxi ausgerichtet ist, der rückwärtige Flügel mündet in einen Steg, der entlang des Schwimmbeckens verläuft. Dieses Schwimmbecken beginnt im Inneren des Hauses und setzt sich nach außen fort. Das Gebäude ist aus einer Tragstruktur aus Stahl und Beton errichtet, die den Einsatz großer Glasflächen ermöglicht. Der Beton ist im Inneren des Hauses sichtbar und glatt belassen und wird mit aufwendigen Innenausbauten aus Holz kombiniert. Die grünlich gefärbten Glasscheiben sollen das große Haus, von Ferne betrachtet, mit seiner natürlichen Umgebung verschmelzen lassen.

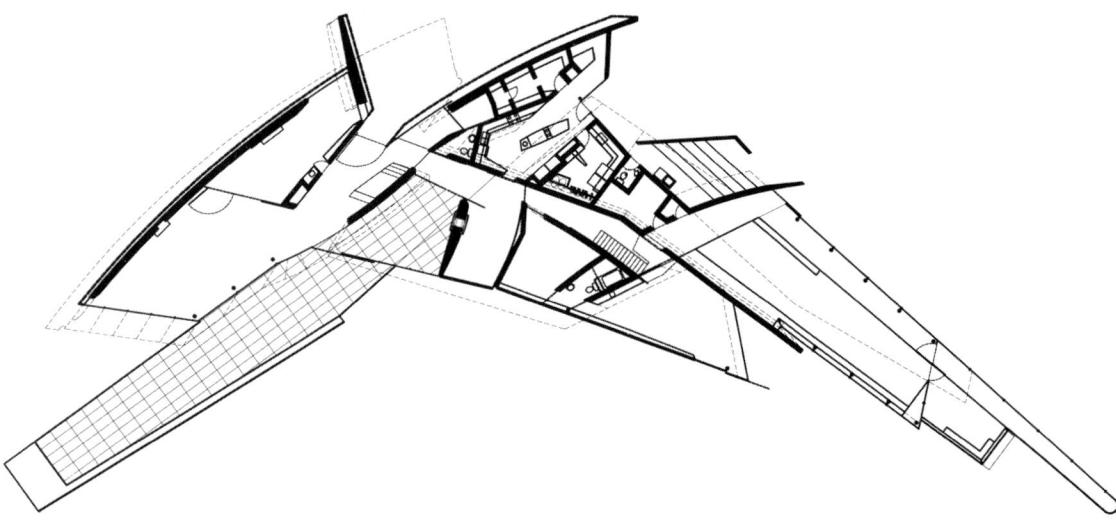

Ground floor · Rez-de-chaussée · Erdgeschoss

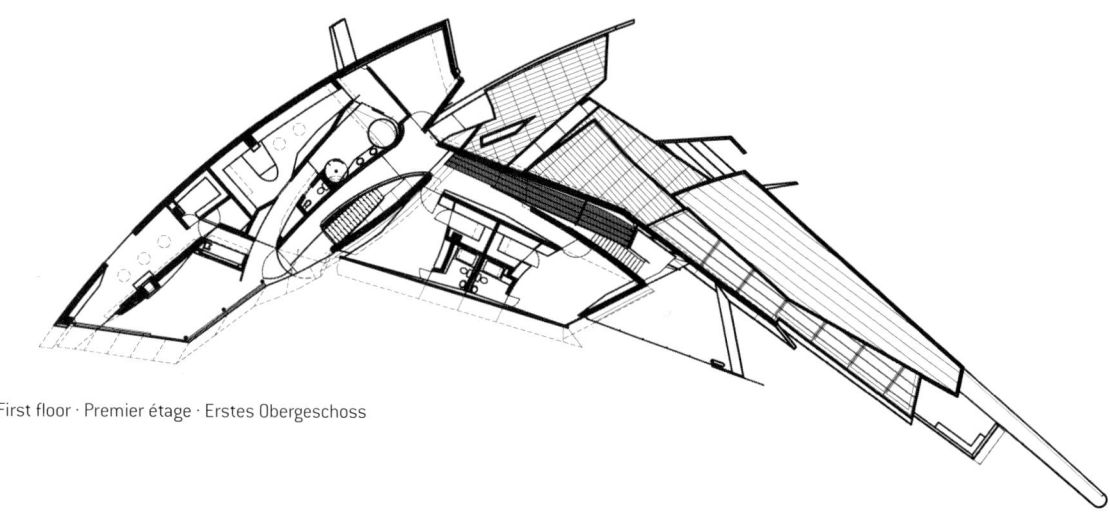

First floor · Premier étage · Erstes Obergeschoss

The water in the swimming pool reflects the light that enters from all four sides. In this way, the water seems to go on forever.

La lumière, qui pénètre dans la piscine à travers quatre côtés, se reflète à la surface de l'eau. L'eau semble ainsi s'étendre jusqu'à l'infini.

Im Wasser des Schwimmbeckens wird das von vier Seiten einfallende Licht reflektiert. Das Wasser setzt sich scheinbar ins Unendliche fort.

The curve of the rear wall, oblique lines and narrow windows give this house a special horizontal force.

La paroi arrière arrondie, les lignes obliques et les fentes étroites des fenêtres soulignent la dynamique horizontale de la maison.

Durch die Biegung der Rückwand, schräge Linien und schmale Fensterschlitze erhält das Haus eine betont horizontale Dynamik.

# Patio House

*Miguelturra, Spain, 2003*
*Bernalte-León Asociados*
*Photos © Ángel Luis Baltanás*

This dwelling is actually made up of two houses. One, facing the street, contains the communal areas spread over two floors. The other, somewhat hidden from view, is accessed via a narrow corridor used as a library that runs the length of a courtyard, and its three floors contain the family bedrooms. For its design, the architects were inspired by the traditional houses found in the region of La Mancha, themselves influenced by older Arab building styles. The hermetically enclosed street façade produces a provocative effect through the rough exposed concrete, also derived from that tradition, as is the extraordinary warmth and comfort of the impressive materials used in the interior, predominantly wood. Despite the blind outer façades and high walls separating this house from the neighboring buildings, enough light penetrates the inner rooms through the courtyard. Sliding steel doors can cover the inner façades as additional protection.

L'habitation est en fait composée de deux maisons. L'une, orientée vers la rue, héberge, sur deux niveaux, les zones d'usages communs. L'autre, située à l'arrière, à laquelle on accède par un étroit corridor-bibliothèque, longeant un patio, abrite sur trois niveaux les chambres à coucher de la famille. En concevant ce projet, les architectes se sont inspirés des maisons traditionnelles de la région de La Mancha, définies par des formes anciennes d'architecture arabe. La façade côté rue, hermétiquement fermée et réalisée en béton apparent qui lui confère un aspect brut, résulte de cette tradition au même titre que les matériaux extrêmement chaleureux et confortables des pièces intérieures où le bois est la matière dominante. Malgré les façades extérieures aveugles et le mur très élevé de séparation avec la construction voisine, l'espace intérieur reçoit suffisamment de lumière du jour par le patio. Des volets d'acier coulissants peuvent être glissés devant les façades intérieures pour offrir une protection supplémentaire.

Dieses Wohnhaus besteht eigentlich aus zwei Häusern. Eines, zur Straße hin orientiert, enthält auf zwei Ebenen die gemeinschaftlich genutzten Bereiche. Der rückwärtige Bereich dagegen, den man über einen schmalen, als Bibliothek genutzten Korridor entlang eines Patios erreicht, beherbergt auf drei Ebenen die Schlafräume der Familie. Bei dem Konzept ließen sich die Architekten von den traditionellen Häusern der Region La Mancha inspirieren, die von älteren arabischen Bauformen geprägt sind. Die hermetisch geschlossene Straßenfassade, die durch den rohen Sichtbeton geradezu provozierend wirkt, ist ebenso auf diese Tradition zurückzuführen wie die außerordentlich warm und wohnlich anmutenden Materialien der Innenräume, in denen die Verwendung von Holz dominiert. Trotz der geschlossenen Außenfassaden und der hoch aufragenden Trennwände zur Nachbarbebauung dringt über den Patio reichlich Licht in die Innenräume. Zur zusätzlichen Abschirmung können stählerne Schiebeläden vor die Innenfassaden geschoben werden.

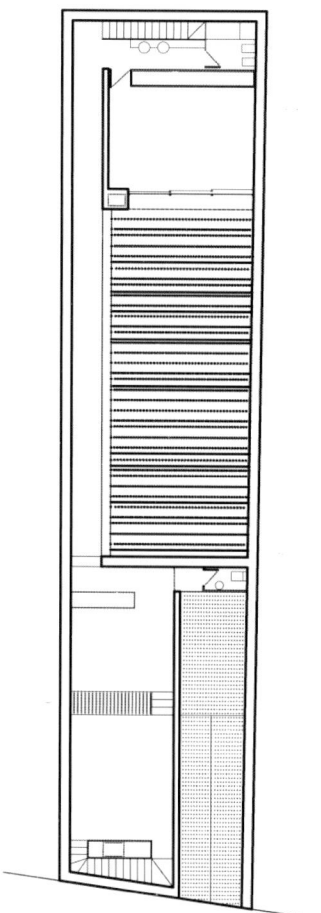
Basement · Sous-sol · Kellergeschoss

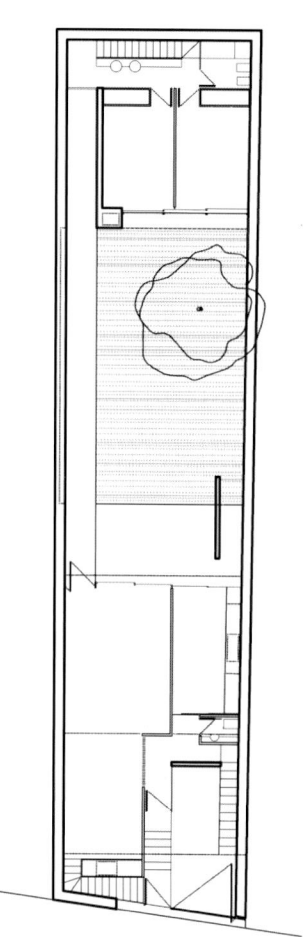
Ground floor · Rez-de-chaussée · Erdgeschoss

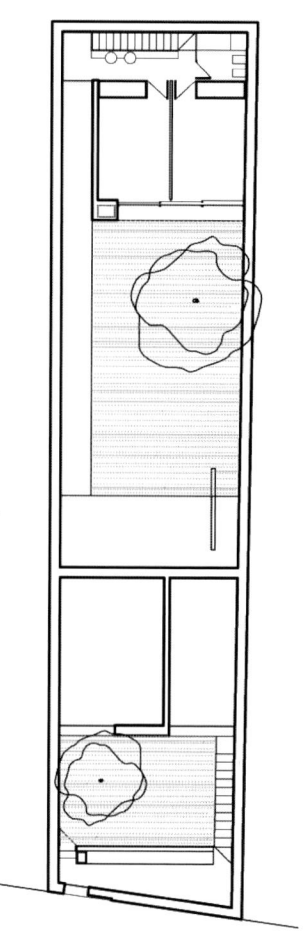
First floor · Premier étage · Erstes Obergeschoss

...e entrance to the garage is next to the main door. The windows between the rooms and the courtyard can open fully by
...ding them to the side.

...ccès au garage se trouve à côté de l'entrée principale. On peut faire coulisser entièrement les fenêtres entre l'espace de vie
... e patio.

...ben dem Eingang befindet sich die Einfahrt zur Garage. Die Fenster zwischen Wohnraum und Patio lassen sich vollständig
... Seite schieben.

# Chicken Point House

*Idaho, United States, 2003*
*Olson Sundberg Kundig Allen Architects*
*Photos © Undine Pröhl*

According to its owner's idea, this vacation home on the shore of a lake in northern Idaho was going to be "a simple box with a big window looking out over the countryside". The house basically consists of concrete block walls, glass walls and a large cantilevered flat roof. The façade overlooking the lake is a steel-and-glass structure measuring approximately 10 m in height and 7 m across. It opens completely by means of a simple mechanism so that all of the living areas of the house open onto the terrace. The interior makes abundant use of wood to give the appearance of a typical lakeside summer bungalow. The warm tones of the wood soften the impression of roughness given by the unrendered concrete blocks. Simple but well designed details give this house the feeling that great craftsmanship has gone into it.

Le maître d'ouvrage de cette maison de vacances, située au bord d'un lac au nord de l'État fédéral d'Idaho, souhaitait que sa maison soit « une simple caisse pourvue d'une grande fenêtre donnant sur le paysage environnant ». Pour l'essentiel, la demeure est construite à partir de parois en pierre de béton, de grands panneaux de verre et d'un toit plat en saillie, débordant largement. La façade coté lac, une construction en acier et verre de 10 m de haut et environ 7 m de large, pivote entièrement grâce à un mécanisme simple, permettant à l'ensemble de l'espace de vie de s'ouvrir sur la terrasse « bain de soleil ». À l'intérieur de l'habitation, le bois est employé à profusion, comme dans une maison d'été au bord d'un lac. Le ton chaleureux de ce matériau adoucit l'aspect brut de la pierre de béton non traité. Grâce à la simplicité des détails, conçus toutefois avec une précision d'horloger, l'habitat met en valeur un grand savoir-faire artisanal.

Das an einem See im Norden des US-Bundesstaats Idaho gelegene Ferienhaus sollte nach den Vorstellungen der Bauherren eine „einfache Kiste mit einem großen Fenster zur umgebenden Landschaft" werden. Die Konstruktion des Hauses besteht im Wesentlichen aus Wandscheiben aus Betonsteinen, großen Glaswänden und einem weit auskragenden Flachdach. Die Fassade zum See, eine Stahl-Glas-Konstruktion von ca. 10 m Höhe und ca. 7 m Breite, lässt sich im Ganzen durch einen einfachen Mechanismus aufschwingen, wodurch sich der gesamte Wohnbereich des Hauses zur Sonnenterrasse öffnet. Im Innenausbau ist, ähnlich einem Sommerhaus an einem See, reichlich Holz verwendet worden. Der warme Farbton des Holzes mildert den rohen Eindruck der unverputzten Betonsteine. Die zwar einfach wirkenden, jedoch mit großer Präzision entworfenen Details verleihen dem Haus eine Atmosphäre großer Handwerklichkeit.

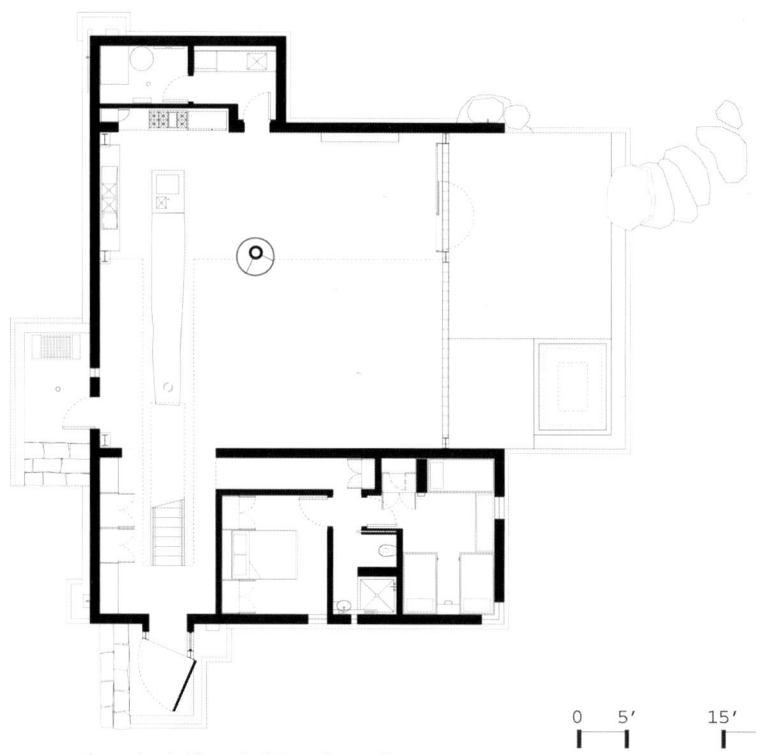

Lower level · Niveau inférieur · Untere Ebene

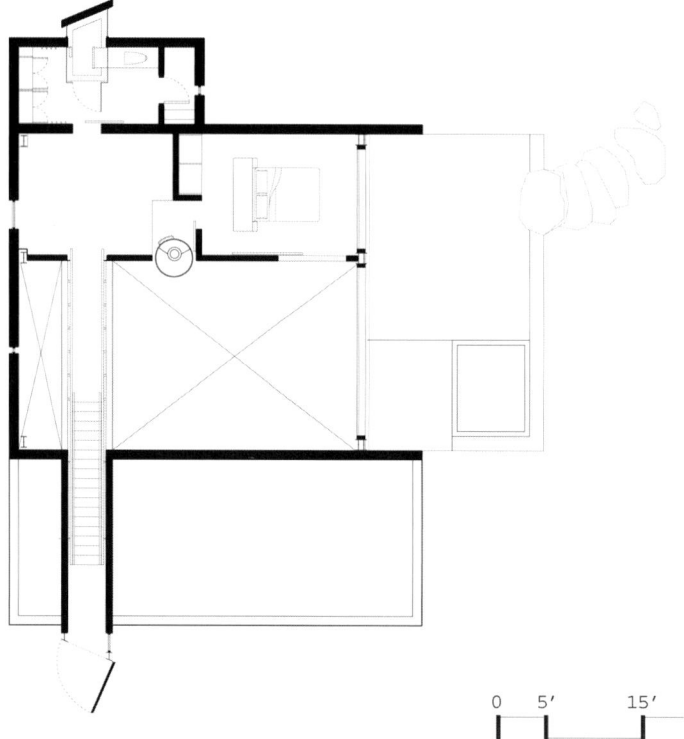

Upper level · Niveau supérieur · Obere Ebene

The kitchen, dining room and living room form a spatial unit. The terrace and natural surroundings can be joined to this space by means of a movable façade.

Cuisine, salon et salle à manger forment une unité spatiale. La façade amovible permet également d'y intégrer la terrasse et le paysage environnant.

Küche, Ess- und Wohnraum bilden eine räumliche Einheit. Durch die bewegliche Fassade können auch die Terrasse und die umgebende Landschaft einbezogen werden.

# Klang Lane Apartment

*Singapore, 2004*
*Colin Seah / Ministry of Design*
*Photos © Simon Devitt*

Singapore is one of the most densely-populated countries in the world. A multitude of standard, look-alike high-rise buildings make up the image of the city. This project shows the enormous architectural potential of a standard dwelling in a high-rise building. The architects' first step was to free the apartment of all fixtures and partitions and return it to its essential elements. Bare concrete walls, ceilings and floors define the image. By means of a series of very precise interventions, this rough shell was transformed into an exceptionally hospitable and versatile apartment, without renouncing its concrete construction. In fact, this is effectively enhanced through the contrast between the natural and warm materials and membranes, and sophisticated lighting.

Singapour est un des pays de la terre les plus peuplés. Une multitude d'immeubles standard, semblant sortis du même moule, caractérisent le profil de la ville. Ce projet témoigne de l'énorme potentiel architectural que recèle un appartement standard dans une tour d'habitation. La première mesure prise par l'architecte a été de libérer l'appartement de tous les aménagements et séparations rapetissant l'espace, afin de les réduire à l'essentiel : murs, plafonds et sols en béton nu lui donne un tout nouveau caractère. Une série d'interventions ciblées a permis de transformer cette enveloppe brute en un appartement extraordinairement confortable et variable, sans toutefois renier la construction en béton. Au contraire, il est merveilleusement mis en scène grâce à l'utilisation de matières et de membranes naturelles et chaudes contrastant avec un ingénieux concept d'éclairage.

Singapur ist eines der am dichtesten besiedelten Länder der Erde. Eine Vielzahl immer gleich erscheinender, normierter Hochhäuser bestimmt das Bild der Stadt. Dieses Projekt demonstriert das enorme architektonische Potenzial einer standardisierten Wohnung im Hochhaus. Die erste Maßnahme der Architekten war, die Wohnung von allen einengenden Einbauten und Trennwänden zu befreien und sie auf das Wesentliche zurückzuführen: Nackte Betonwände, -decken und -böden bestimmten das Bild. Durch eine Reihe gezielter Eingriffe gelang die Verwandlung dieser rohen Hülle in ein außerordentlich wohnliches und vielfältiges Apartment, wobei die Betonkonstruktion jedoch nicht verleugnet wird. Vielmehr wird sie durch den Kontrast mit natürlichen, warmen Materialien und Membranen und ein durchdachtes Lichtkonzept wirkungsvoll in Szene gesetzt.

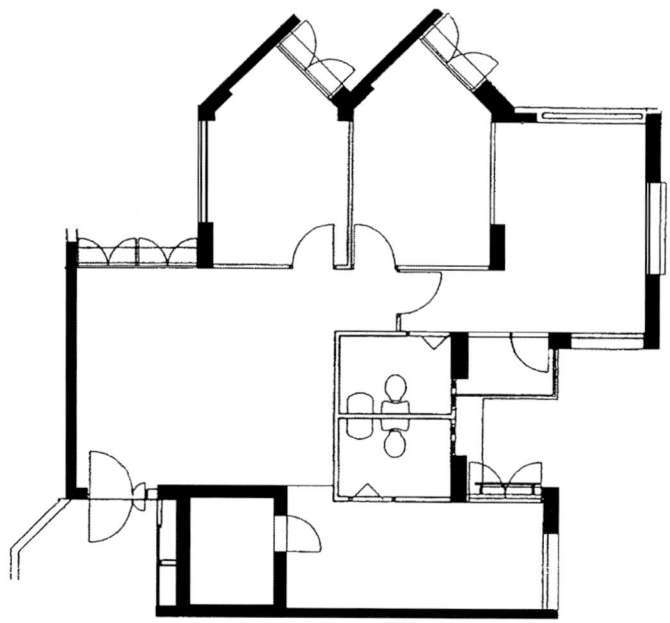

Existing plan · Plan déja existant · Bestehender Plan

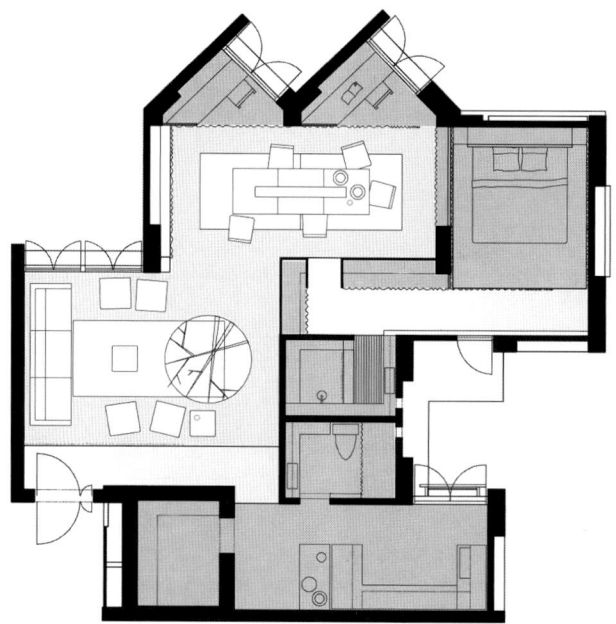

New plan · Nouveau plan · Neuer Plan

The predominant materials in the kitchen are exposed concrete and stainless steel. The bedroom is a reserved area with great visual serenity.

Dans la cuisine prévalent le béton apparent et l'acier inoxydable. La chambre à coucher est un espace discret qui dégageune grande sérénité.

Die bestimmenden Materialien der Küche sind Sichtbeton und Edelstahl. Der Schlafbereich ist ein zurückhaltender Raum mit großer visueller Ruhe.

# GGG House

*Mexico City, Mexico, 1999*
*Alberto Kalach*
*Photos © Undine Pröhl*

The starting point for this house built for an art collector was the works of the sculptor Jorge Yazpik, three of which can be seen in it. The house is built around his art, and his principles are taken into consideration. One of them is the idea of creating niches in a solid block and arranging them in relation with the surrounding space. This house embodies the contrast between solidity and openness, among other things, through its closed street front as opposed to the rear of the building, which is completely glazed and in transition with a garden. Concrete was the material of choice for this design as this versatile and moldable substance has the greatest similarity to the sculptor's work. The surface condition of the concrete was modified a number of times and combined with other materials such as stone and wood. The frameless glass creates a great opening onto the garden.

L'œuvre artistique du sculpteur Jorge Yazpik est a inspiré le concept de cette maison destinée à un collectionneur d'art, dans laquelle trois de ses sculptures sont exposées. La maison est construite « autour de l'art », en tenant compte de ses principes dont l'un exprime l'idée d'extirper le vide d'une masse et de le placer en rapport avec l'espace environnant. La maison incarne le contraste entre masse et ouvertures, formé notamment parla façade aveugle côté rue et l'arrière de la maison totalement vitrifié et qui se prolonge dans le jardin. On a choisi le béton pour concrétiser cette idée : c'est le travail de ce matériau façonnable de multiples façons qui se rapproche le plus de l'art du sculpteur. Ici, la surface du béton a été souvent modifiée et conjuguée à d'autres matières, comme la pierre et le bois. Le vitrage sans cadre a permis d'obtenir la plus grande ouverture possible sur le jardin.

Der Ausgangspunkt bei diesem Haus für einen Kunstsammler war die Kunst des Bildhauers Jorge Yazpik, von dem drei Skulpturen im Haus zu finden sind. Das Haus wurde „um die Kunst herum" gebaut, unter Berücksichtigung ihrer Prinzipien. Eines dieser Prinzipien ist die Idee, Leerräume aus einer Masse auszuhöhlen und in Beziehung mit dem umgebenden Raum zu stellen. Das Haus verkörpert den Kontrast von Massivität und Offenheit, unter anderem in der geschlossenen Straßenfront im Vergleich zur völlig verglasten und in den Garten überleitenden Rückseite des Hauses. Beton war das Material der Wahl, um diesen Entwurf umzusetzen, da er als vielfältig formbarer Stoff die größte Ähnlichkeit zur Kunst des Bildhauers besitzt. Die Oberflächenbeschaffenheit des Betons wird hier mehrfach verändert und mit anderen Materialien, wie Stein und Holz, kombiniert. Durch die rahmenlose Verglasung entsteht eine möglichst große Öffnung zum Garten hin.

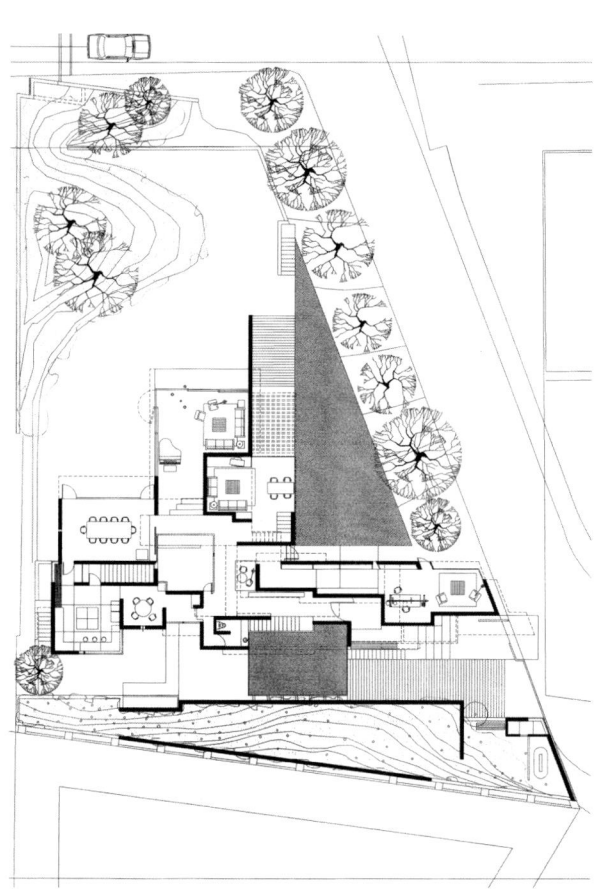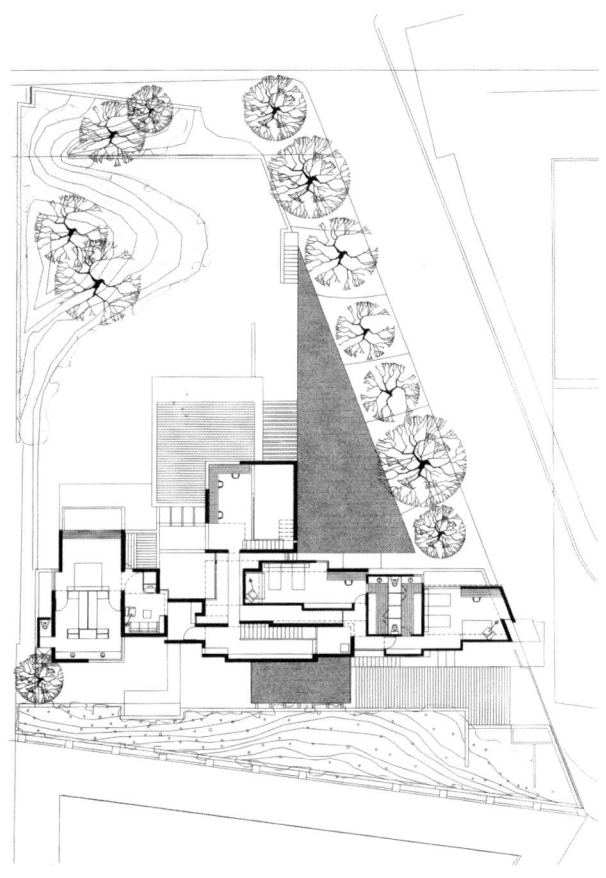

Lower level · Niveau inférieur · Untere Ebene

Upper level · Niveau supérieur · Obere Ebene

Each room of the house has a different relationship with the world outside. The positioning of the windows emphasizes certain visual relationships and characterizes the light in the room.

Chaque pièce de la maison a un rapport différent au monde extérieur. La disposition des fenêtres permet d'avoir des angles visuels et détermine l'éclairage naturel de la pièce.

Jeder Raum des Hauses hat einen unterschiedlichen Bezug zur Außenwelt. Die Lage der Fensteröffnungen unterstützt bestimmte Blickbeziehungen und prägt die Lichtstimmung des Raums.

# Poli House

*Península de Coliumo, Chile, 2005*
*Pezo Von Ellrichshausen Architects*
*Photos © Cristóbal Palma*

This large house in the shape of a cube is the summer vacation home of two couples and also the out-of-season studio for a number of artists who have use of it. Its location is unique; it is the only building to hang over a sheer cliff some 60 m above the Pacific Ocean. In order to cope with the rough coastal climate, the building was designed as a solid concrete cube. Large frameless windows cut into the façade, some quite deeply, offer breathtaking panoramic views. The spacious rooms inside distributed on several floors offer interesting perspectives of the sea. The exterior and interior exposed concrete was given a rough and coarse formwork as a symbolic continuation of nature into the house. In this way, the house becomes an inextricable element of the nature that surrounds it.

La grande maison en forme de cube sert de maison de vacances commune à deux couples et, hors saison, d'atelier mis à la disposition d'artistes. Le site est grandiose : solitaire, la maison surplombe une falaise rocheuse de 60 m de haut qui tombe à pic sur le Pacifique. Pour résister à la rudesse du climat marin, elle est conçue comme un cube monolithique en béton. De grandes fenêtres, en partie creusées profondément dans la façade, semblent dépourvues de cadre et s'ouvrent sur le paysage fabuleux. À l'intérieur, les grandes pièces s'élèvent sur plusieurs étages, offrant, à différents niveaux, des angles visuels intéressants jusque vers la mer en contrebas. Le béton, apparent à l'intérieur comme à l'extérieur, présente un coffrage rugueux et brut qui symbolise le prolongement de la nature dans la maison : le matériau devient ainsi un élément inséparable de la nature.

Das große, würfelförmige Haus dient zwei Ehepaaren als gemeinsames Sommerhaus und soll überdies außerhalb der Saison Künstlern als Atelier zur Verfügung stehen. Die Lage ist einzigartig: Es überragt als einsames Gebäude ein 60 m hohes, steil zum Pazifik abstürzendes Felsenkliff. Um dem rauen Meeresklima standhalten zu können, ist das Haus als monolithischer Betonkubus entworfen. Große, teilweise tief in die Fassade eingeschnittene und dadurch rahmenlos erscheinende Fenster bieten Ausblicke auf die atemberaubende Landschaft. Die großen Räume im Inneren reichen über mehrere Etagen und bieten interessante Durchblicke durch verschiedene Ebenen bis hinunter zum Meer. Der außen wie innen sichtbar belassene Beton ist rau und grob geschalt, wodurch sich die Natur symbolisch in dem Haus fortgesetzt; es wird damit zu einem untrennbaren Bestandteil der Natur.

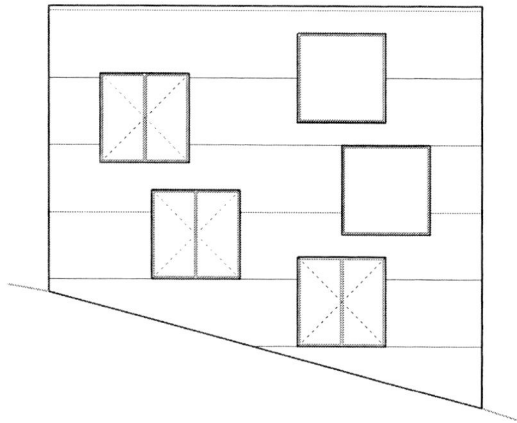

North elevation · Élévation nord · Nördlicher Aufriss

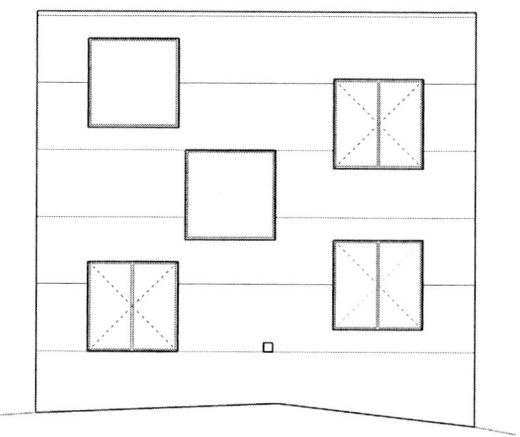

West elevation · Élévation ouest · Westlicher Aufriss

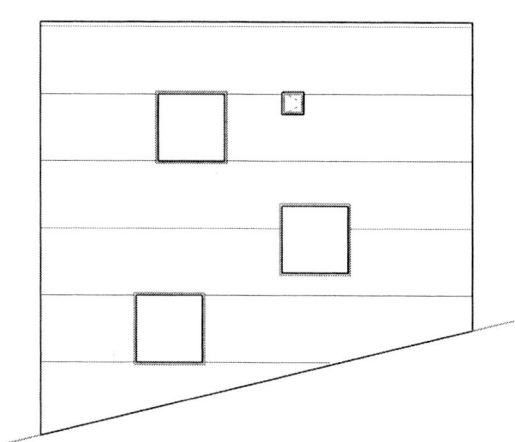

South elevation · Élévation sud · Südlicher Aufriss

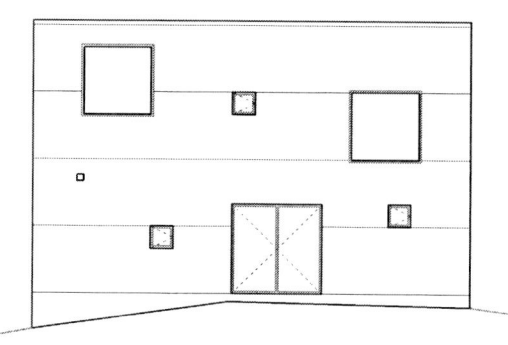

East elevation · Élévation est · Östlicher Aufriss

Some of the large square windows can be fully opened. The windows become frames in which nature is portrayed in fields of color reminiscent of Mark Rothko.

Certaines des grandes fenêtres carrées peuvent être ouvertes entièrement. Elles ressemblent à des cadres de tableaux où la nature s'insère, rappelant les surfaces colorées de Mark Rothko.

Einige der großen quadratischen Fenster lassen sich vollständig öffnen. Die Fenster werden zu Bilderrahmen, die darin abgebildete Natur erinnert an die Farbflächen von Mark Rothko.

# Exteriors
# Extérieurs
# Außenansichten

# Nuria Amat House

*Girona, Spain, 2007*
*Jordi Garcés*
*Photos © Jordi Miralles*

The greatest challenge faced by the architect in building this house was making the most of the view of the rocky coastal landscape while creating as little impact as possible on the existing terrain. "Any attempt to level the terrain would have been an attack on nature," is how the architect expressed his intention. The house comprises two cube-like structures positioned over a sloping terrain to form a right angle intersecting at one point. This point is where the two-story living room is located. It serves to articulate the house and is the most important room in the house. The rock found in this natural setting is also present throughout the building and creates a contrast with the clearly defined shapes of the inner rooms. The outer walls are rendered and painted silver. With its image of reduced minimalism, this house creates a forceful contrast with the rugged landscape.

Dans la construction de cette maison, le plus grand défi de l'architecte consistait à maximiser la vue sur le paysage rocheux de la côte tout en minimisant l'intervention sur le terrain à bâtir. Le maître d'œuvre exprime son intention en ces termes : « Toute tentative d'aplanir le terrain aurait été un outrage à la nature ». En principe, la maison se compose de deux corps de bâtiment cubiques, placés en angle droit l'un par rapport à l'autre sur le terrain fortement en pente et qui se chevauchent en un point. À cet endroit précis, l'espace de vie élevé sur deux étages sert d'axe d'articulation et de pièce principale. La roche environnante, présente également dans toute l'habitation, vient s'opposer à la forme donnée aux espaces intérieurs. Les murs extérieurs sont crépis et peints couleur argent. Dans sa réduction minimaliste, la maison affiche un impressionnant contraste avec le paysage accidenté.

Beim Bau dieses Hauses sah der Architekt die größte Herausforderung darin, den Blick über die felsige Küstenlandschaft maximal auszunutzen und dabei dennoch mit einem minimalen Eingriff in das bestehende Gelände auszukommen. Der Architekt drückt seine Intention so aus: „Jeder Versuch, das Gelände zu planieren, hätte der Natur Gewalt angetan." Im Prinzip besteht das Haus aus zwei kubischen Baukörpern, die rechtwinklig zueinander auf dem stark geneigten Gelände platziert wurden und die sich an einem Punkt überschneiden. An dieser Stelle befindet sich der zweigeschossige Wohnraum als Gelenkpunkt und wichtigster Raum des Hauses. Der Fels der Umgebung ist auch überall im Gebäude präsent und bildet einen spannungsvollen Gegensatz zur klaren Formgebung der Innenräume. Die Außenwände wurden verputzt und silberfarben gestrichen. In seiner minimalistischen Reduktion bildet das Haus einen eindrucksvollen Kontrast zu der zerklüfteten Landschaft.

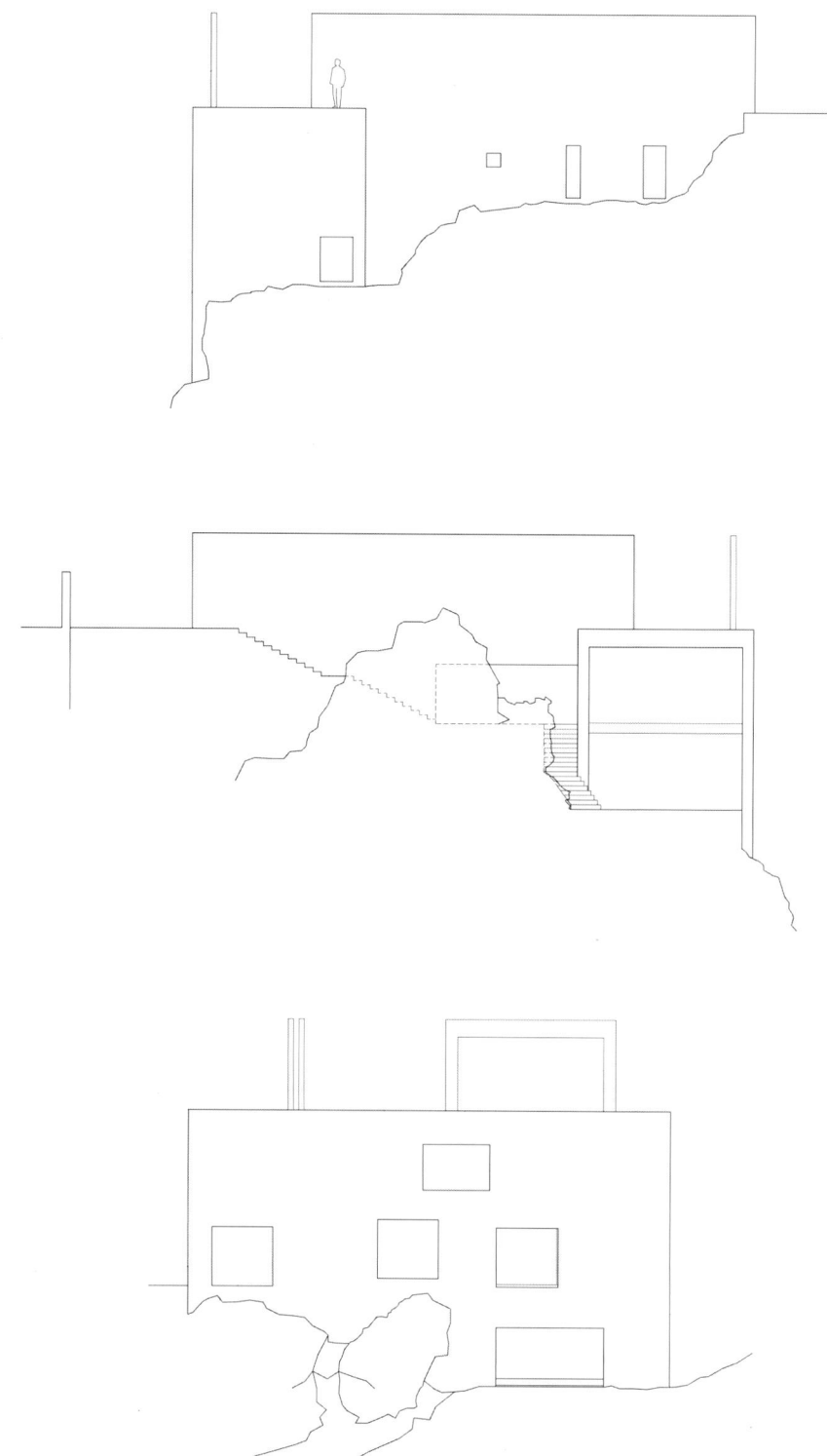

Elevations · Élévations · Aufrisse

The living room is at the intersection of the two areas making up the house. It can be opened onto a terrace sheltered from the wind.

L'espace de vie se trouve à l'intersection des deux zones dont la maison se compose. Une fois ouvert, il se transforme en terrasse protégée du vent.

Im Kreuzungspunkt der beiden Bereiche, aus denen sich das Haus zusammensetzt, befindet sich der Wohnraum, der sich zu einer windgeschützten Terrasse öffnen lässt.

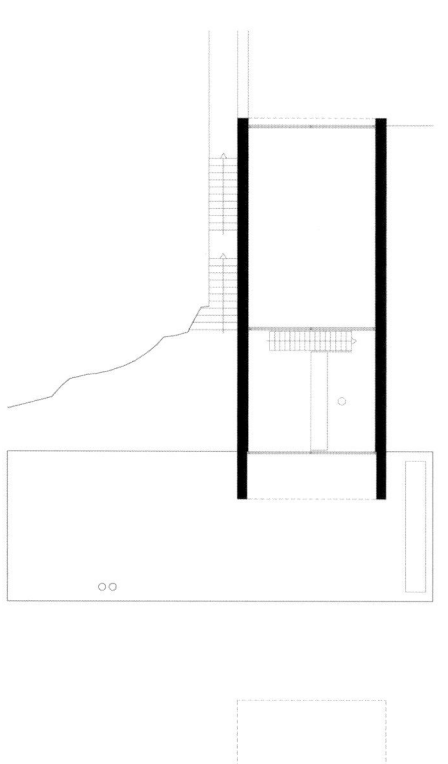
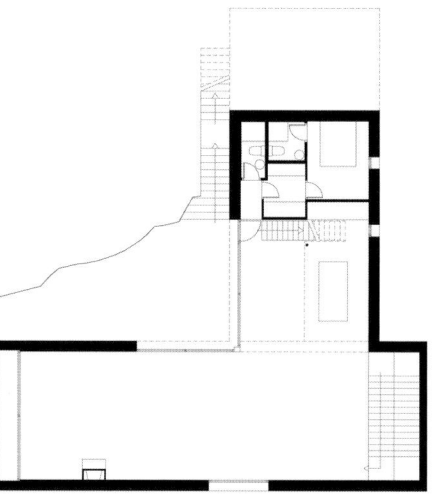
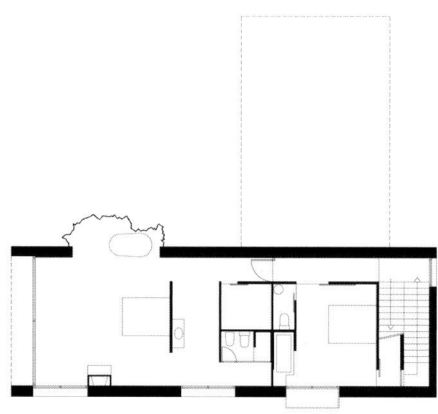
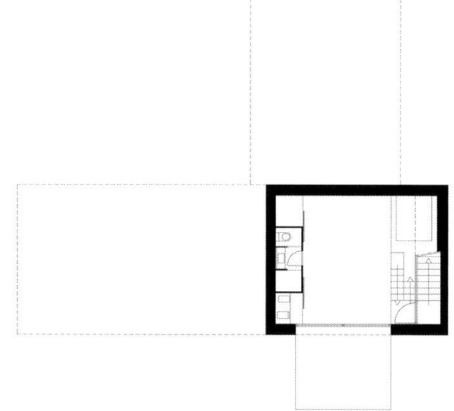

Plans · Plans · Grundrisse

rock alcove in the bedroom, left in its natural state, is the perfect place for a free-standing bathtub.
Dans la chambre à coucher, une niche naturelle en pierre constituait un endroit idéal pour placer une baignoire sur pied.
Eine natürlich belassene Felsnische im Schlafraum ist der geeignete Ort für eine freistehende Badewanne.

# F2 House

*State of Mexico, Mexico, 2001*
*Adria + Broid + Rojkind*
*Photos © Undine Pröhl*

This is a large L-shaped house that has made perfect use of the triangular plot. One distribution axis goes from the front entrance through the building to a spiral staircase connecting the three floors of the house and down to the large garden on the lowest level. The layout includes the kitchen, dining room and living areas, in addition to a small projection room on the entrance level, bedrooms on the upper level and a study and library on the garden level. The solidity and hardness of the exposed concrete is in stark contrast with the transparency and lightness of the large glass surfaces that give uninterrupted views of a nature reserve. The resulting composition of closed wall surfaces and windows of the most diverse proportions follows in the tradition of the famous villas of classical modernity.

La surface de base de ce grand immeuble dessine un L, ce qui permettait d'optimiser l'utilisation du terrain en forme de triangle. Un axe d'accès part de la porte d'entrée et traverse le bâtiment jusqu'à un escalier en colimaçon qui relie les trois étages de cette maison et descend vers le jardin au niveau inférieur. L'agencement de l'espace comprend cuisine, zone de repas et salon, ainsi qu'un petit cinéma au niveau de l'entrée. Les chambres à coucher se trouvent à l'étage ; un bureau et une bibliothèque sont aménagés au niveau du jardin. L'aspect massif et lourd du béton apparent contraste avec la transparence et la légèreté des grandes surfaces vitrées qui s'ouvrent sur une réserve naturelle. L'alternance de parois fermées et d'ouvertures aux proportions diverses s'inscrit dans la tradition des célèbres villas de l'art moderne classique.

Die Grundfläche dieses großen Wohnhauses ist L-förmig, wodurch das dreieckige Grundstück optimal ausgenutzt wird. Eine Erschließungsachse führt von der Eingangstür durch das Gebäude bis zu einer Spiraltreppe, die die drei Geschosse des Hauses miteinander verbindet und hinabführt zum großen Garten auf der unteren Ebene. Das Raumprogramm umfasst Küche, Ess- und Wohnbereich sowie ein kleines Kino auf der Eingangsebene, Schlafräume auf der oberen Ebene und ein Arbeitszimmer sowie eine Bibliothek auf der Gartenebene. Die Massivität und Schwere des Sichtbetons wird mit der Transparenz und Leichtigkeit großer Glasflächen kontrastiert, die den Ausblick auf ein Naturschutzgebiet freigeben. Es entsteht eine Komposition von geschlossenen Wandflächen und Fensteröffnungen unterschiedlichster Proportionen, die in der Tradition der berühmten Villen der klassischen Moderne steht.

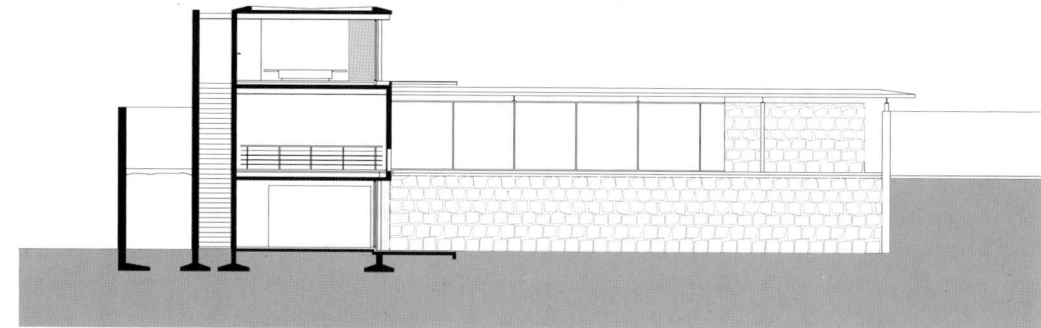

Cross section · Section transversale · Querschnitt

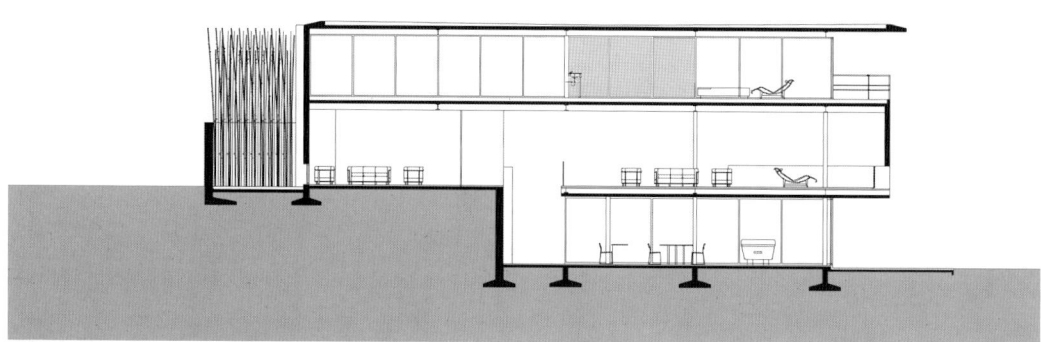

Longitudinal section · Section longitudinale · Längsschnitt

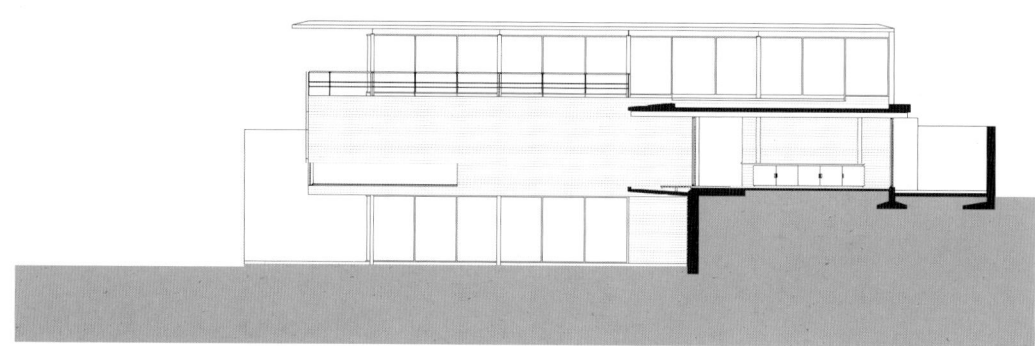

Cross section · Section transversale · Querschnitt

e uneven terrain has been cleverly used to great advantage. The entrance to the house is through a single-story wing
ached to a three-story structure.

s dénivellations du terrain ont été judicieusement exploitées : on accède à la maison par une aile de un étage, sur laquelle
ppuie un autre bâtiment de trois étages.

r Höhenunterschied auf dem Gelände wird geschickt ausgenutzt: Man betritt das Haus über einen eingeschossigen Trakt, an
n sich ein dreigeschossiges Gebäude anfügt.

The entrance leads to a kitchen-diner opening onto a large living room. The window arrangement leads one to view the garden, located on a lower level.

Depuis l'entrée, on entre dans une cuisine américaine qui fait la transition avec le salon. L'emplacement des fenêtres permet de voir le jardin en contrebas.

Vom Eingangsbereich aus erreicht man eine offene Essküche, die in den großen Wohnraum überleitet. Die Platzierung der Fensteröffnungen lenkt den Blick in den tiefer gelegenen Garten.

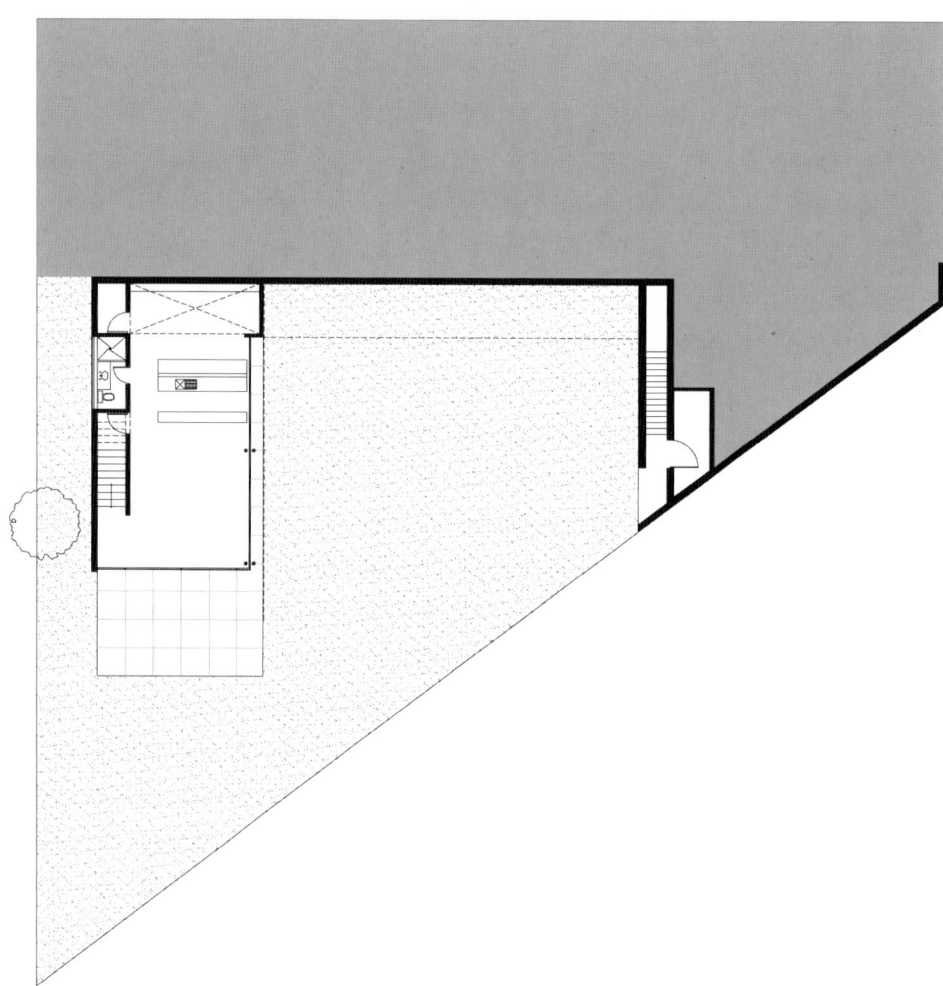

Ground floor · Rez-de-chaussée · Erdgeschoss

# Holiday Home in Mar Azul Forest

*Mar Azul, Argentina, 2007*
*María Victoria Besonías, Guillermo de Almeida, Luciano Kruk*
*Photos © Daniela Mac Adden*

This summer vacation house is located in the middle of a forest, south of Buenos Aires. The architects chose concrete as the building material because it is economical to work with and blends inconspicuously with the natural surrounds. Low maintenance cost and short building times were also important criteria. This material was the determining factor for the angular exterior shape of the building and it is also prevalent in the interior. Rough boards were chosen for use in the exterior wall formwork, while the interior walls were given a finer and smoother texture. Concrete was also used in the furniture, contrasting with their pine wood surfaces. The sharp drop in the terrain led to the southwest façade being partially buried into the sandy soil, while the opposite end is raised over the plot and offers a panoramic view. Concrete bulkheads serve for added seclusion.

Cette maison d'été est située dans une forêt au sud de Buenos Aires. Les architectes ont choisi le béton comme matériau de construction, pour le coût économique de son travail et son insertion discrète dans la nature environnante. À cela s'ajoutent les autres critères importants que sont le faible coût d'entretien et la rapidité de la construction en béton. Le matériau, déterminant pour la forme extérieure aux arêtes vives, domine également à l'intérieur. Pour les murs extérieurs, le maître d'œuvre a utilisé un coffrage à base de planches en bois brut. Par contre, les murs intérieurs sont plus lisses et fins. Les meubles, eux aussi en béton, contrastent avec des surfaces en bois de pin. La forte pente du terrain explique l'enterrement partiel de la façade sud dans le sol sablonneux, tandis que le côté opposé s'élève au-dessus du terrain, offrant une superbe vue panoramique. Des panneaux de béton font ici office de protection visuelle.

Dieses Sommerhaus befindet sich in einem Wald südlich von Buenos Aires. Die Architekten wählten Beton als Baumaterial, da er preiswert zu verarbeiten ist und sich unauffällig in die umgebende Natur einfügt. Daneben waren die geringen Kosten für die Pflege und eine kurze Bauzeit wichtige Kriterien. Das Material war für die kantige äußere Form des Gebäudes bestimmend und ist auch im Inneren der vorwiegende Baustoff. Beim Bau des Hauses wählte man sägeraue Bretter für die Verschalung der Außenwände, die Wände im Inneren sind hingegen feiner und glatter geformt. Beton wurde auch für die Möbel verwendet und mit Flächen aus Kiefernholz kontrastiert. Das stark abfallende Gelände ist der Grund dafür, dass die südwestliche Fassade teils in den sandigen Boden eingegraben ist, während die gegenüberliegende Seite hoch über dem Grundstück aufragt und eine großzügige Aussicht bietet. Betonschotten bieten hier Sichtschutz.

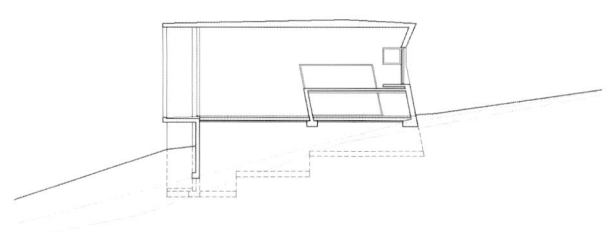

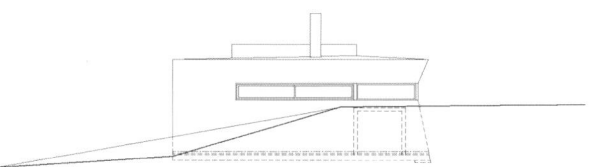

Northwest Elevation · Élévation au nord-ouest · Nordwestlicher Aufriss

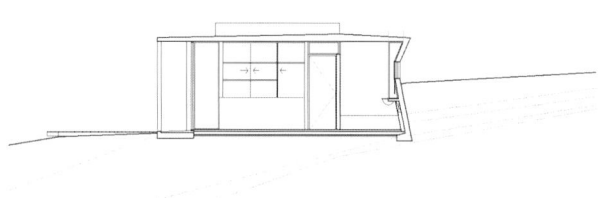

Cross section · Section transversale · Querschnitt

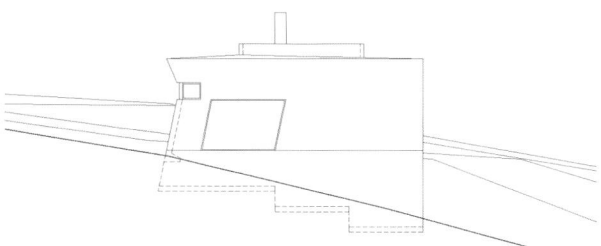

Southeast Elevation · Élévation au sud-est · Südöstlicher Aufriss

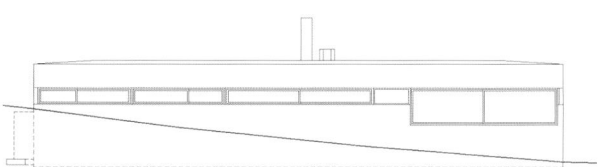

Southwest Elevation · Élévation au sud-ouest · Südwestlicher Aufriss

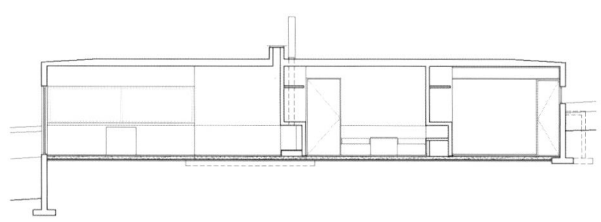

Longitudinal section · Section longitudinale · Längsschnitt

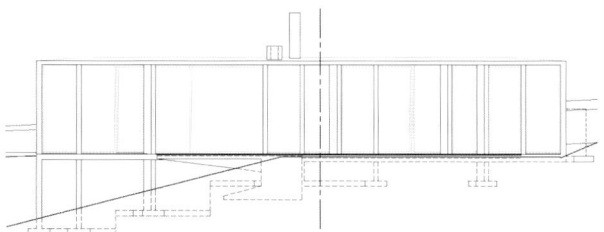

Northeast Elevation · Élévation au nord-est · Nordöstlicher Aufriss

This house is characterized by a purist artistic principle. The materials and shapes that characterize the exterior are continued into the interior of the building.

Cette maison affiche une esthétique puriste : les matières et les formes, qui définissent la façade extérieure, se poursuivent à l'intérieur.

Puristische Ästhetik charakterisiert dieses Haus: Die Materialien und Formen, die die Außenseite des Hauses prägen, setzen sich im Inneren fort.

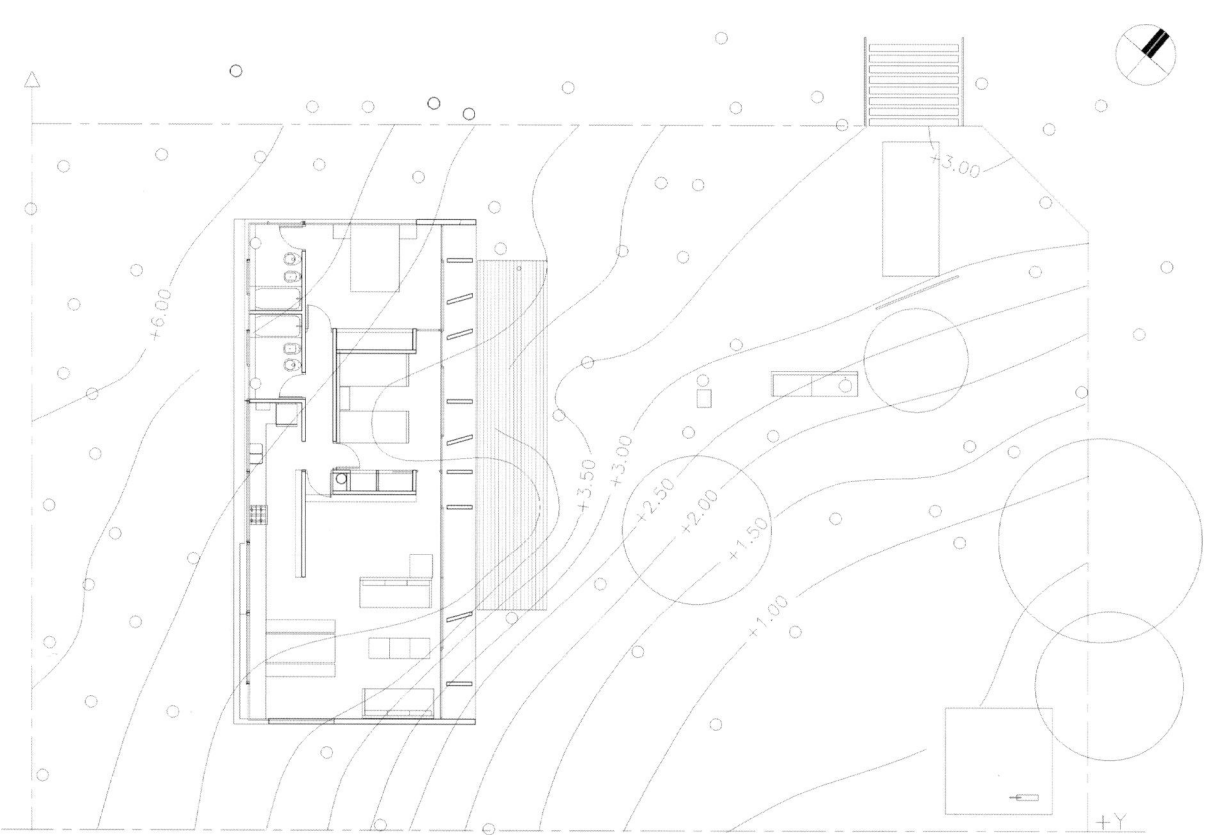

Plan · Plan · Grundriss

# Tóló House

*Alvite, Portugal, 2005*
*Álvaro Leite Siza Viera*
*Photos © Fernando Guerra / FG+SG*

Terrain generally considered to be impossible to build on is one of the most difficult challenges for architects. In this case, the design that the owners wanted for their vacation home appeared to be impossible to recreate on the long plot with a 35° slope. They wanted three bedrooms, a living room, dining room, auxiliary rooms and, if possible, a swimming pool, while maintaining at all times the correct distance from the neighbors and respecting the old trees on the plot. The architects' answer to the challenge is brilliant – the entire house is designed as a double staircase integrated into the landscape. The spaces in the house are strung together down the hill and are connected by a long curving corridor cum staircase. At the same time, a staircase on the roof connects a series of terraces, patios and the swimming pool. The architects chose rough exposed concrete as the material for the house, while the interior is predominantly rendered in white with wooden floors.

Des terrains, considérés souvent comme étant inconstructibles, constituent les meilleurs défis architecturaux. Dans ce cas précis, l'agencement spatial envisagé par les maîtres d'ouvrage pour leur maison de vacances était en principe irréalisable sur ce terrain tout en longueur et qui suit une pente de 35° : il fallait aménager trois chambres à coucher, une salle à manger-salon, des pièces annexes, si possible une piscine, respecter les distances avec les voisins et conserver le patrimoine arboré. La solution trouvée par les architectes relève du génie : toute la maison est conçue comme un escalier double qui s'intègre au paysage. Les pièces se succèdent le long de l'inclinaison et sont reliées à un seul couloir en escalier doté de plusieurs coudes. Sur le toit, un escalier relie une série de terrasses et de patios à la piscine. Les architectes ont opté pour du béton apparent à l'extérieur, tandis que le crépi blanc et le parquet sont à l'honneur à l'intérieur.

Grundstücke, die man gemeinhin für unbebaubar hält, sind die besten Herausforderungen für Architekten. In diesem Fall war das von den Bauherren für ihr Ferienhaus gewünschte Raumprogramm auf dem langgestreckten, um 35° geneigten Grundstück eigentlich nicht realisierbar: Drei Schlafzimmer, ein Wohn- und Essraum, Nebenräume und, wenn möglich, ein Schwimmbecken, sollten Platz finden, dabei mussten auch die Grenzabstände zu den Nachbarn eingehalten und der alte Baumbestand respektiert werden. Die von den Architekten ersonnene Lösung ist genial: Das gesamte Haus ist als eine doppelte Treppe entworfen, die sich in die Landschaft einfügt. Dabei reihen sich die Räume des Hauses den Hang hinab aneinander und werden über einen einzigen langen, mehrfach abgewinkelten Treppenkorridor erschlossen. Zugleich verbindet eine Treppe auf dem Dach eine Folge von Terrassen und Patios und das Schwimmbecken. Als Material wählten die Architekten rohen Sichtbeton, im Inneren herrschen weißer Putz und Holzfußböden vor.

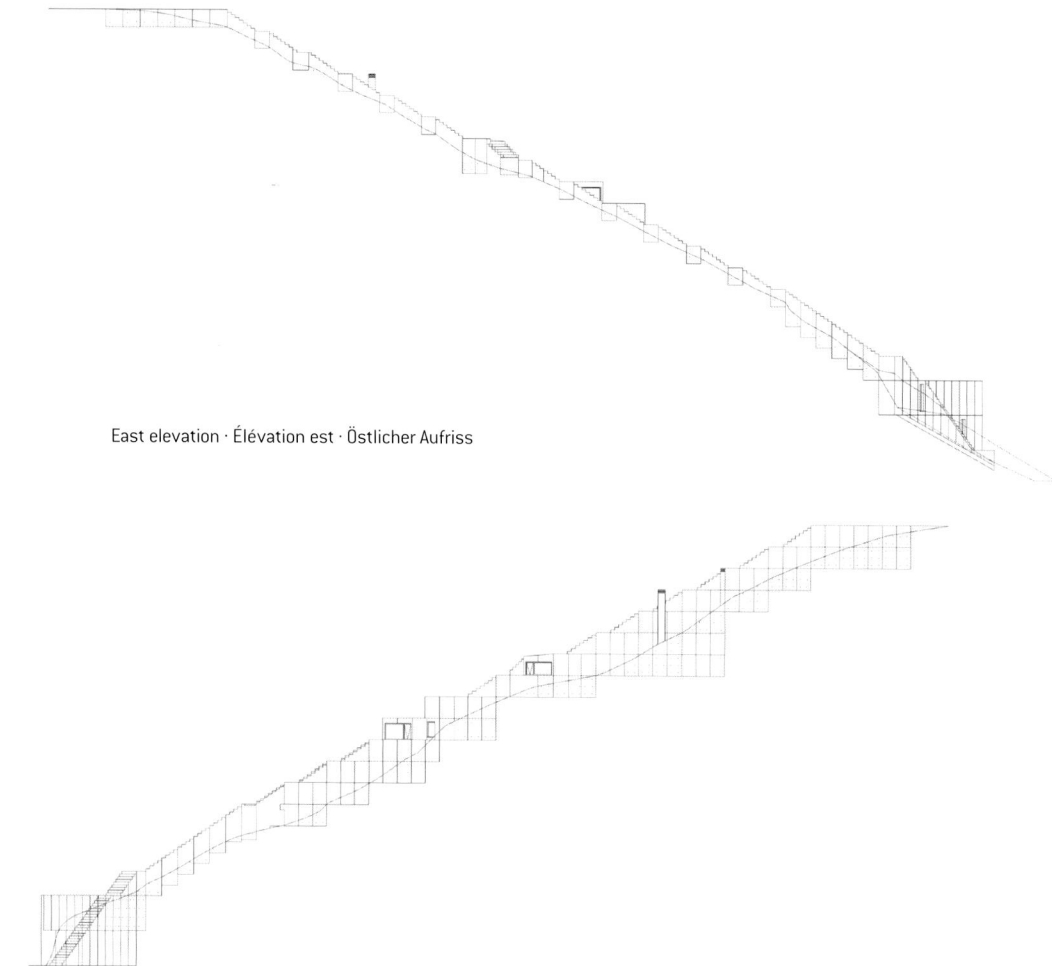

East elevation · Élévation est · Östlicher Aufriss

West elevation · Élévation ouest · Westlicher Aufriss

South elevation · Élévation sud · Südlicher Aufriss

The banister-free staircase winds down over the roof of the house to connect the entrance, several terraces and the swimming pool.

L'escalier dépourvu de rampe, qui suit la pente escarpée en partant du toit de la maison, relie l'entrée, plusieurs terrasses et la piscine.

Die Treppe windet sich ohne Geländer auf dem Dach des Hauses den steilen Hang hinab und verbindet dabei den Zugang, mehrere Terrassen und das Schwimmbecken miteinander.

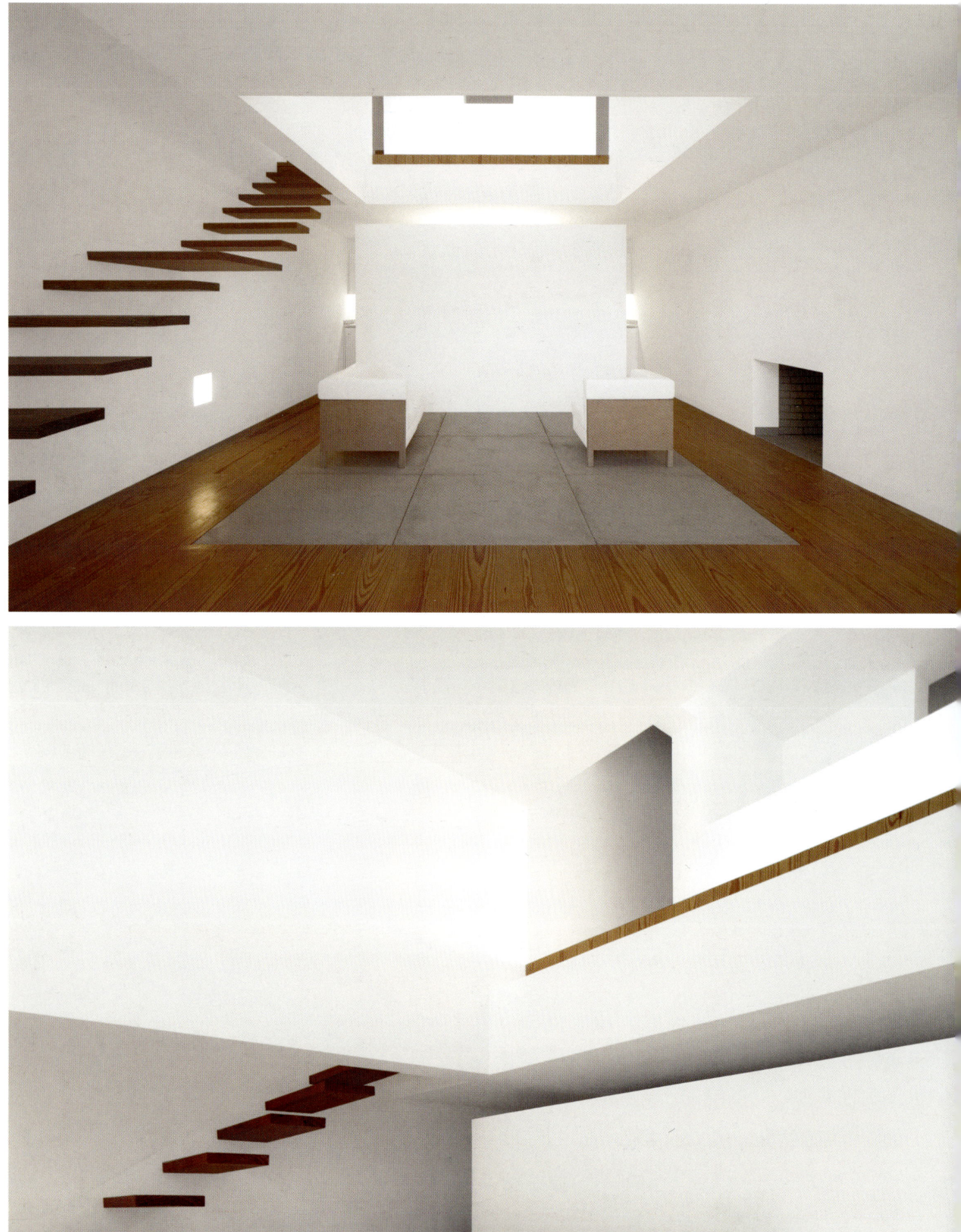

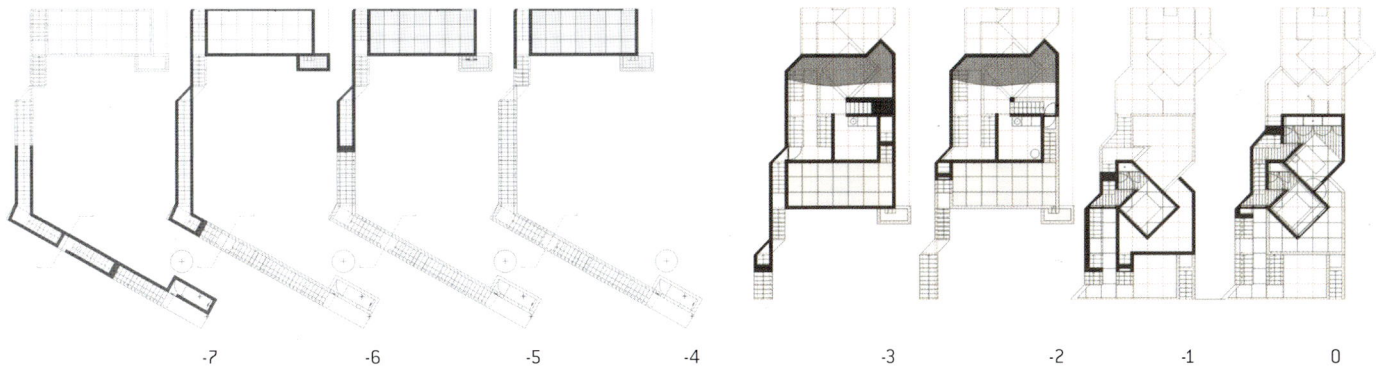

Plans · Plans · Grundrisse

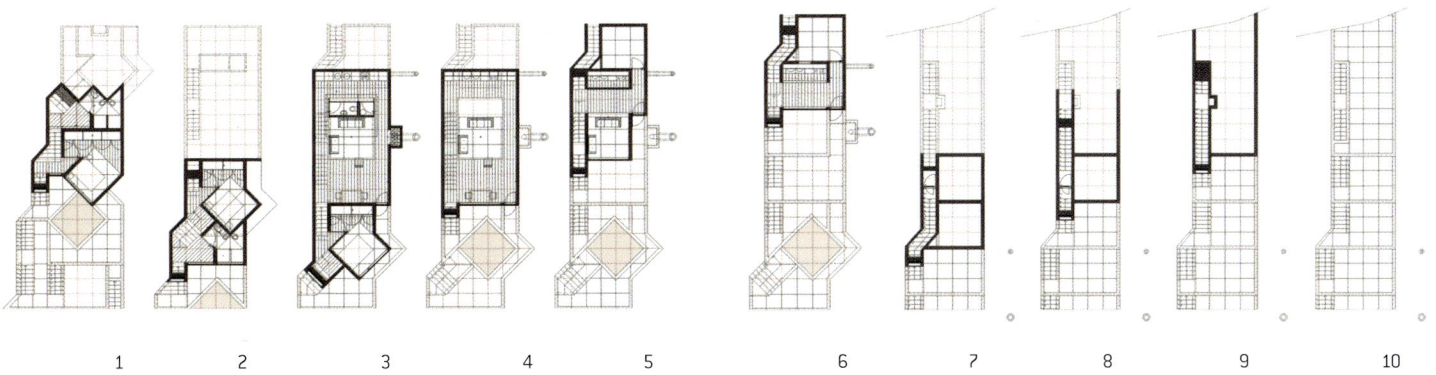

Plans · Plans · Grundrisse

# House in a Cherry Orchard

*Cájar, Spain, 2006*
*Juan Domingo Santos*
*Photos © Fernando Alda, Valentín García, Estudio jds*

This dwelling near Granada is a modern interpretation of a country house. The architects paid special attention to letting the house sensitively blend in with the surrounding countryside. The rooms are distributed over three different levels. The library is partially underground, while the living room and the study are at the level of the surrounding cherry orchard. The bedrooms, designed as pavilions, are located over a platform on the upper level. Local tradition is subtly reflected in the design of this house. The gently rolling landscape is reflected in the rising concrete ramps and the peepholes in the exposed concrete walls are reminiscent of the ventilation holes in the tobacco-drying sheds in the area.

Cette habitation, à proximité de Grenade, est une interprétation moderne d'une maison de campagne. Les architectes ont attaché une importance toute particulière à son intégration subtile dans le paysage environnant. Les pièces se situent sur trois niveaux différents : la bibliothèque est en partie enterrée dans le sol, le salon et la zone de bureau se trouvent à hauteur du bosquet de cerisiers proche. Un étage plus haut, une plate-forme accueille les chambres à coucher, conçues à l'instar de pavillons. Le concept de la maison reflète judicieusement la tradition locale : le rythme des arbres fruitiers se retrouve dans la structure, la topographie légèrement ondulée se reflète dans les rampes ascendantes en béton et le motif à trous dans les murs de béton apparent n'est pas sans rappeler les trous d'aération dans les granges locales de séchage de tabac.

Das Wohnhaus in der Nähe von Granada ist eine moderne Interpretation eines Landhauses. Besonderen Wert legten die Architekten darauf, das Haus sensibel in die umgebende Landschaft einzufügen. Die Räume befinden sich auf drei unterschiedlichen Ebenen: Die Bibliothek ist teilweise in den Boden eingegraben, das Wohnzimmer und der Arbeitsbereich befinden sich auf der Höhe des umgebenden Kirschbaumhains. Eine Etage höher auf einer Plattform befinden sich die wie Pavillons entworfenen Schlafräume. Das Konzept des Hauses spiegelt auf subtile Weise die Tradition des Ortes wider: Die sanft gewellte Topografie zeigt sich in den ansteigenden Betonrampen, und die Lochmuster in den Sichtbetonwänden erinnern an die Lüftungsöffnungen der örtlichen Trockenscheunen für den Tabak.

Elevation · Élévation · Aufriss

Section · Section · Schnitt

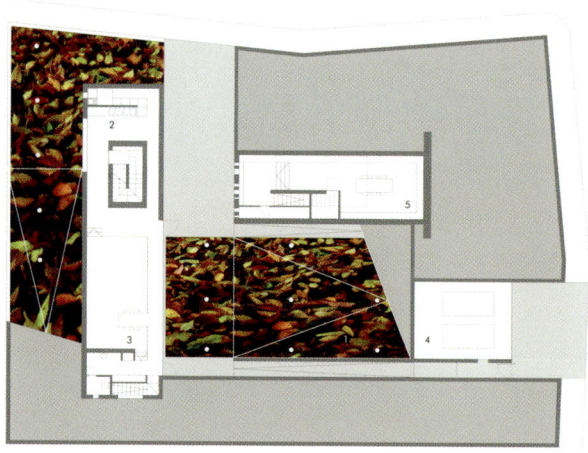

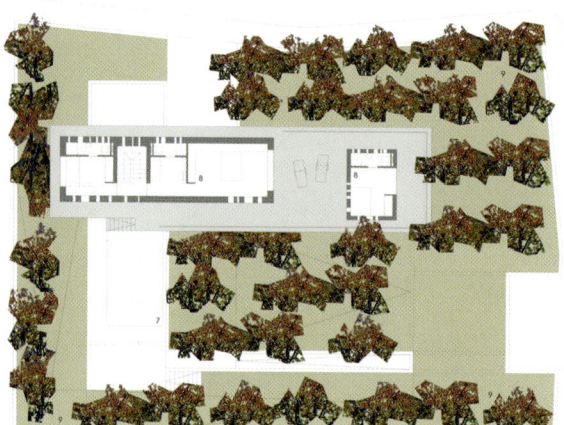

Plans · Plans · Grundrisse

# 3 Bundled Tubes House

*Kumamoto, Japan, 2004*
*NKS Architects*
*Photos © Kouji Okamoto*

The unusual design of this house arose from the wish of three families to live under the same roof while maintaining their mutual privacy. The form that responded to this basic idea was a three-dimensional space – a large rectangular block, comprising a fine concrete supporting structure with two glazed sides, is the framework for the entire experiment. Three areas, referred to as "tubes" by the architects, hang inside this frame and contain the bedrooms and private retreats for the respective families, while the remaining space, spreading out over several levels, is for common use. There is direct access from outside to the private sectors, although they can also be entered from the common area. Consequently, this house has become a symbol of the different manifestations of modern family life. In a flexible and versatile way, it sets a framework for both social life and individuality.

Le concept inhabituel de cette maison résulte du souhait de trois familles de vivre ensemble sous le même toit, tout en gardant suffisamment de sphères privées. La forme trouvée ici concrétise cette idée de base dans une pièce tridimensionnelle : un grand corps carré, composé d'une fine structure en béton vitrifiée des deux côtés, constitue le cadre de cette expérience de vie commune. Trois zones suspendues dans ce cadre, nommées « tubes » par les architectes, abritent les chambres à coucher et les pièces privées de chaque famille, tandis que l'espace restant, qui s'étend en partie sur plusieurs niveaux, est consacré à la communauté. L'accès à chacun des domaines privés s'effectue directement par l'extérieur, mais également par l'espace commun. La maison traduit ainsi les nombreuses facettes de la vie de famille moderne : modulable et multiple, elle façonne un espace adapté à la fois à la vie sociale et à l'individualité.

Das ungewöhnliche Konzept des Hauses entstand aus dem Wunsch dreier Familien, gemeinsam unter einem Dach zu wohnen und dennoch genügend Privatsphäre zu behalten. Die hierfür gefundene Form setzt diese Grundidee in einem dreidimensionalen Raum um: Ein großer, rechteckiger Körper, bestehend aus einer an zwei Seiten verglasten dünnen Betonstruktur, bildet den Rahmen für das gemeinsame Wohnexperiment. Drei in diesem Rahmen aufgehängte, von den Architekten als „Röhren" bezeichnete Bereiche enthalten Schlaf- und Rückzugsräume der jeweiligen Familien, während der verbleibende, teilweise über mehrere Ebenen reichende Raum gemeinschaftlich nutzbar ist. Der Zugang zu den Teilbereichen ist direkt von außen, aber auch über den Gemeinschafsbereich möglich. Das Haus wird so zu einem Symbol der vielfältigen Ausprägungen modernen Familienlebens: Auf flexible und vielfältige Weise bildet es einen Rahmen für soziales Miteinander und Individualität zugleich.

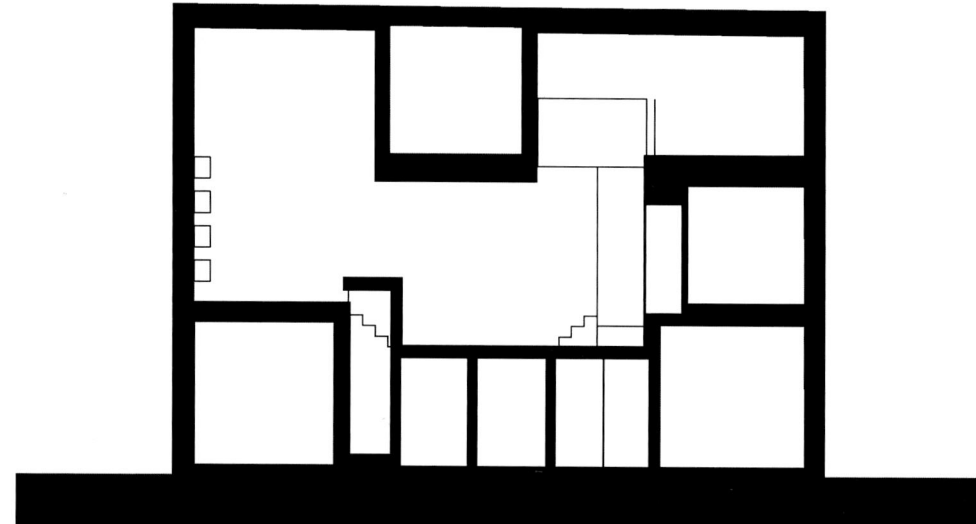

Section · Section · Schnitt

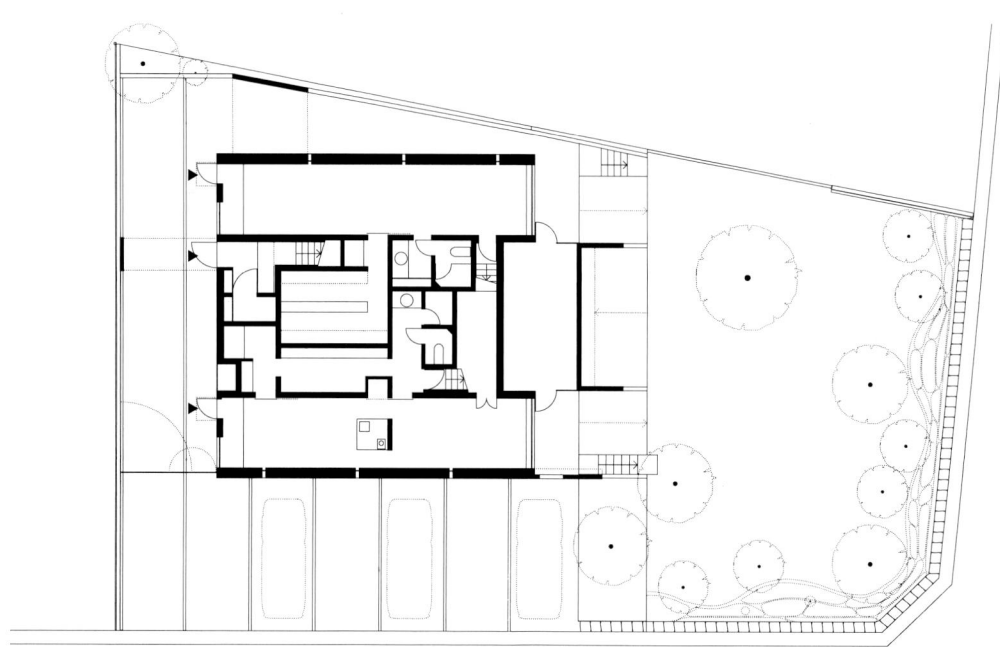
Ground floor · Rez-de-chaussée · Erdgeschoss

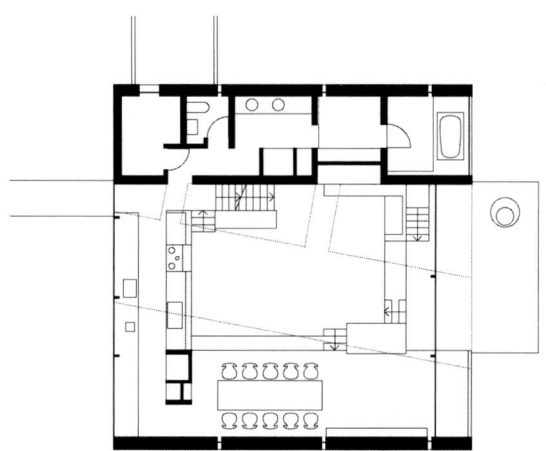
First floor · Premier étage · Erstes Obergeschoss

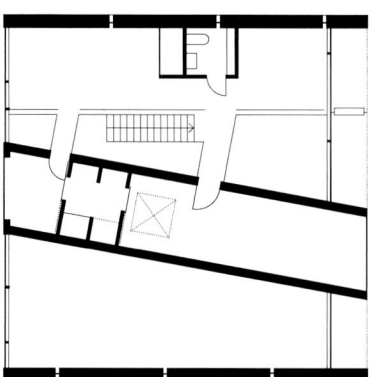
Second floor · Deuxième étage · Zweites Obergeschoss

The common areas are a continuous sequence of very distinct rooms. The lower and private areas contrast with the spacious rooms and raised ceilings.

La zone commune est conçue comme le prolongement de pièces très différentes. Des espaces bas et intimes forment un contraste intéressant avec des pièces hautes et spacieuses.

Der gemeinschaftliche Bereich ist als eine kontinuierliche Folge sehr unterschiedlicher Räume gestaltet. Niedrige, intime Bereiche werden mit hohen, großzügigen Räumen kontrastiert.

# House in Beroun

*Beroun, Czech Republic, 2004*
*HŠH Architekti*
*Photos © Ester Havlova*

The surroundings of the small town of Beroun are idyllic and relatively unpopulated and are characterized by a wonderful, well-preserved natural landscape. This house was built for a family and has a modular layout to create a sharp contrast with its natural setting. The house consists of 24 cubic cells with 3 m sides, aligned and stacked one over the other. All of the rooms are either adjoining or are made up of several units inside this grid put together in such a way as to cover both of the levels of the building. There are no hallways or corridors; instead, the rooms of the house are interconnected and can be extended or divided up as required by means of movable partitions. This strict grid layout combines hard and rough materials in the form of a steel frame and exposed concrete walls, stainless steel and minimalist cubic built-in furniture. The façade elements are either totally blind or completely glazed.

Beroun, une petite ville idyllique et peu peuplée, niche au milieu d'un merveilleux paysage intact. Cette maison, construite dans les environs pour une famille, est conçue comme un quadrillage modulaire, offrant un contraste clair avec l'environnement naturel. Elle comprend 24 cellules en forme de dés de 3 m de côté qui sont alignées et se superposent. Chaque pièce entre dans ce quadrillage ou se compose de plusieurs cellules, en partie sur deux niveaux de la maison. Les pièces s'imbriquent les unes dans les autres sans couloirs ni passages. Au gré des besoins, des cloisons coulissantes les agrandissent ou les divisent. Des matériaux durs et bruts convenaient parfaitement à ce quadrillage strict : structure en acier visible et murs en béton apparent, acier inoxydable, meubles encastrables minimalistes et cubiques. Les éléments de façade sont soit complètement fermés soit entièrement vitrés.

Die Umgebung der kleinen Stadt Beroun ist idyllisch und dünn besiedelt, und eine wunderbare, unberührte Landschaft prägt das Bild. Das Haus, das sich eine Familie dort bauen ließ, ist als modulares Raster aufgebaut und formt einen klaren Kontrast zur natürlichen Umgebung. Das Haus besteht aus 24 Raumzellen in Form von Würfeln von je 3 m Kantenlänge, die aneinander gereiht und übereinander gestapelt wurden. Die einzelnen Räume fügen sich alle in das Raster oder setzen sich aus Vielfachen dieses Rasters zusammen, teilweise über beide Ebenen des Hauses. Dabei gibt es keine Gänge oder Flure, stattdessen werden die Räume des Hauses aneinandergefügt. Sie sind durch bewegliche Trennwände je nach Bedarf erweiterbar oder aber teilbar. Zum strengen räumlichen Raster passen harte, rohe Materialien wie das sichtbare Stahltragwerk und Sichtbetonwände, Edelstahl und minimalistische, kubische Einbaumöbel. Die Fassadenelemente sind entweder völlig geschlossen oder vollständig verglast.

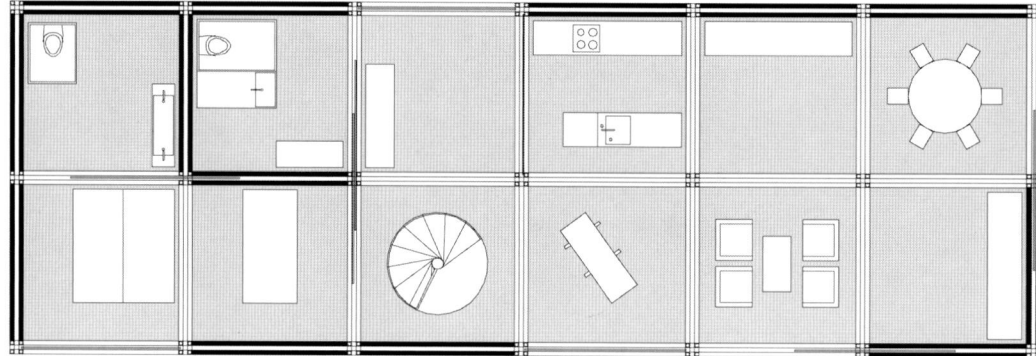

Ground floor · Rez-de-chaussée · Erdgeschoss

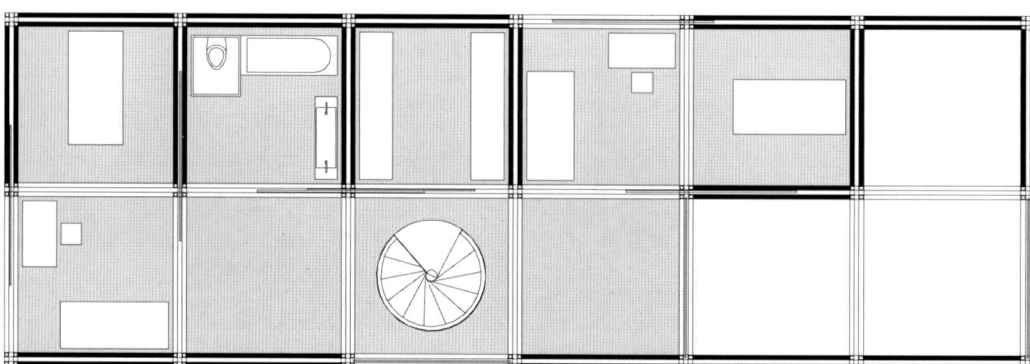

First floor · Premier étage · Erstes Obergeschoss

The black steel load-bearing structure is filled alternatively with exposed concrete panels and windows. The house resembles a minimalist sculpture by the artist Sol LeWitt.

Dans la structure porteuse en acier noir s'insèrent alternativement des plaques de béton apparent et des éléments de fenêtres. Cette maison rappelle une sculpture minimaliste de l'artiste Sol LeWitt.

Das schwarze Stahltragwerk wird abwechselnd mit Sichtbetonscheiben und Fensterelementen ausgefüllt. Das Haus erinnert dadurch an eine minimalistische Skulptur des Künstlers Sol LeWitt.

# Moebius House

*Het Gooi / The Netherlands, 1998*
*Van Berkel en Bos / Un Studio*
*Photos © Christian Richters*

A Moebius strip is a two-dimensional geometric surface with only one side. In order to make a Moebius strip, it is enough just to twist a strip of paper 180° and join the ends to make a ring. This villa, located in a rural and remote district of the Netherlands, produces an effect that is as paradoxical and difficult to understand as this shape, which is so easy to make. The ever-repeated cycle of day and night for a family was what inspired the architect to apply the Moebius strip as the spatial principle for this house. The sleeping, living and work areas are in succession as a loop. The materials – concrete and glass – alternate and overlap. The common areas of the house are located at intersections in the strip. The interlocking flow of spaces is reflected in the glass and concrete, the effects of which are enhanced in this habitable sculpture.

Un ruban de Moebius est une forme géométrique bidimensionnelle à une seule surface. On crée un simple ruban de Moebius en faisant subir une torsion de 180° à une longue bande de papier, puis en collant les deux extrémités pour former un anneau. L'effet produit par cette villa située dans une région rurale reculée des Pays-Bas est aussi paradoxal et insaisissable que cette forme, en principe facile à fabriquer. À partir du rythme continu nuit-jour d'une famille, l'architecte s'est inspiré du ruban de Moebius pour agencer l'espace de la maison. Les chambres, les pièces de vie et celles de travail s'imbriquent l'une dans l'autre, en suivant la forme de cet anneau ; leurs matériaux, béton et verre, alternent et se superposent. Les parties communes de la maison se situent à l'intersection des boucles : l'agencement fluide de l'espace se reflète dans les matières visibles, tel le verre et le béton, dont l'impact se trouve décuplé dans cette sculpture habitable.

Eine Möbiusschleife ist eine zweidimensionale geometrische Form mit nur einer Fläche. Ein einfaches Möbiusband entsteht, indem man einen Papierstreifen um 180° verdreht und zu einem Ring verklebt. Ähnlich paradox und schwer fassbar wie diese im Prinzip einfach herstellbare Form wirkt diese Villa in einer ländlichen, abgeschiedenen Gegend der Niederlande. Der sich immer wiederholende Tag-Nacht-Rhythmus einer Familie lieferte den Architekten die Inspiration zur Anwendung der Möbiusschleife als räumliches Prinzip des Hauses. Die Schlaf-, Wohn- und Arbeitsbereiche gehen schleifenartig ineinander über, die Materialien Beton und Glas wechseln sich ab und überlagern einander. In den Kreuzungspunkten der Schleifen liegen die gemeinschaftlichen Bereiche des Hauses: Das Ineinanderfließen des Raumes spiegelt sich in den plastischen Materialien Glas und Beton wider, die sich in dieser bewohnbaren Skulptur in ihrer Wirkung potenzieren.

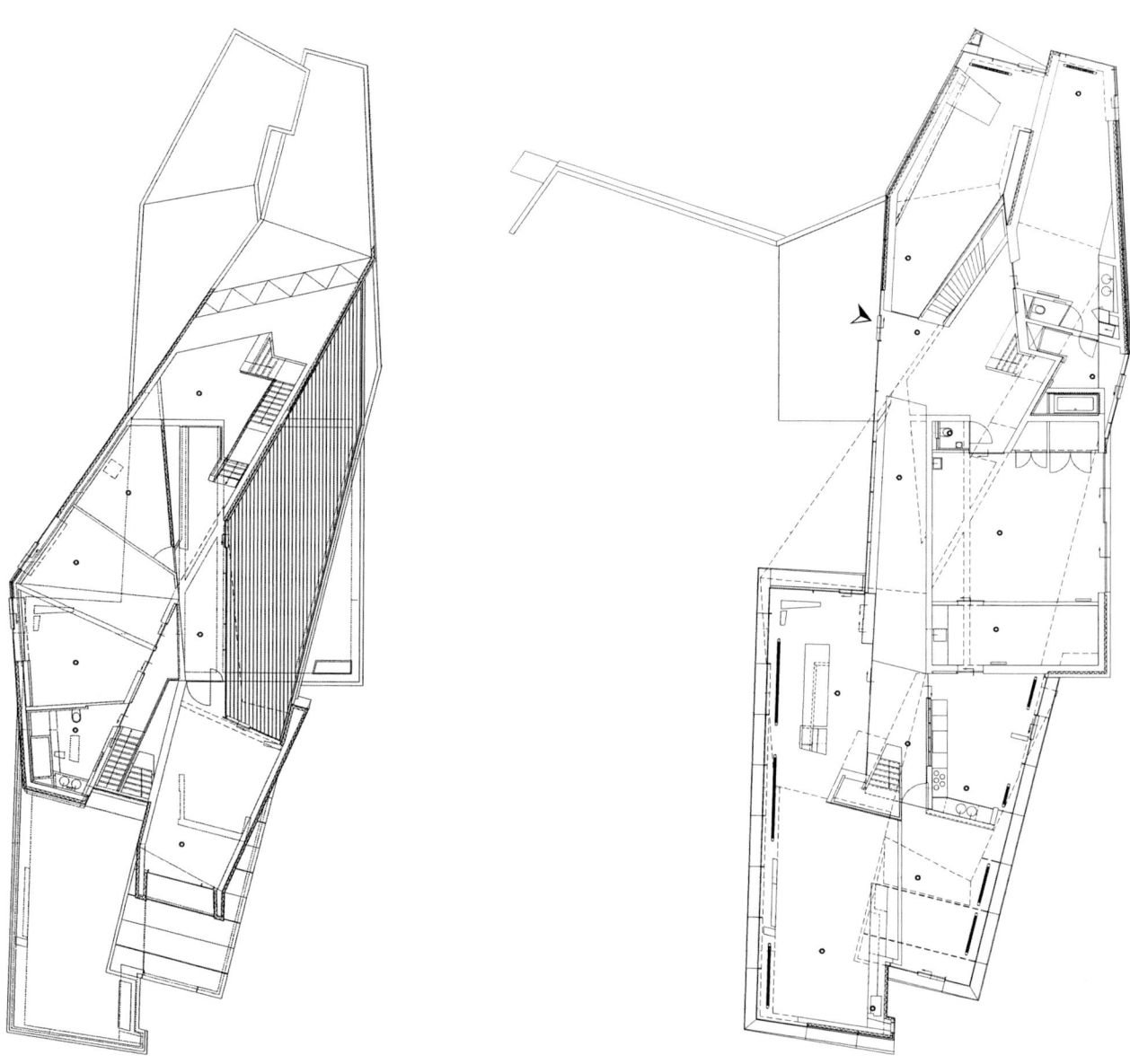

Plans · Plans · Grundrisse

The architects attempt to express the superimposing of daily activities artistically in the building. The house resembles a concrete and glass sculpture.

Les architectes ont cherché à superposer de manière plastique les activités quotidiennes d'un foyer. La maison ressemble à une sculpture en béton et verre.

Die Architekten versuchen, die Überlagerung der täglichen Aktivitäten plastisch umzusetzen. Das Haus erinnert an eine Skulptur aus Beton und Glas.

# Threefold House

*Kumamoto, Japan, 2007*
*Takao Shiotsuka Atelier*
*Photos © Toshiyuki Yano / Nacasa & Partners Inc.*

This three-story detached dwelling is located in a typical neighborhood, characterized by narrow lanes and dense construction. To achieve maximum incidence of light, the different stories form a stepped pyramid. This house has a clear, disciplined pattern of order set against the chaotic feeling given by its immediate surroundings. On the square building surface, equally square building features and rooms are integrated to contribute to the sensation of absolute proportion and harmony of the house. All of the walls of the house are made of exposed concrete made with extremely smooth formwork. The only ornamentation is the regular pattern of anchoring holes and the imprint left by the joints between the formwork boards. Abundant light penetrating through the glass doors are reflected on the smooth surfaces of walls and ceilings. Contrasting with the concrete are the parquet floors, the filigree of the spiral staircase and the shiny stainless steel fixtures, which are seamlessly interwoven in the minimalist structure.

Cette maison individuelle de trois étages est située dans une zone d'habitation typique, caractérisée par des ruelles étroites et très peuplées. Pour obtenir un maximum de luminosité, chaque étage est conçu comme une pyramide. À l'aspect chaotique de l'environnement direct la maison oppose un schéma clair et ordonné : surface de base carrée, conjuguée à des éléments de construction et des pièces également de forme carrée donnent une impression de proportions et d'harmonie parfaites. Tous les murs de l'habitation sont faits en béton apparent au coffrage très lisse ne laissant apparaître que les motifs réguliers des trous d'ancrage et les empreintes des joints des plaques de coffrage. La lumière, qui traverse en abondance les portes vitrées, se reflète sur les surfaces planes des murs et des plafonds. Les parquets, l'escalier en colimaçon d'une finesse extrême et les meubles encastrés en acier inoxydable miroitant s'intègrent à merveille dans cet ensemble minimaliste et contrastent avec le béton.

Das dreigeschossige Einfamilienhaus befindet sich in einer typischen, von engen Gassen und dichter Bebauung geprägten Wohngegend. Um ein Maximum an Lichteinfall zu erreichen, ist jedes Geschoss pyramidenartig entworfen. Dem chaotischen Eindruck seiner direkten Umgebung setzt das Haus eine klares, diszipliniertes Ordnungsmuster entgegen: In die quadratische Grundfläche sind Bauteile und Räume von ebenfalls quadratischem Zuschnitt eingefügt, die zu dem Eindruck vollkommener Proportion und Harmonie des Hauses beitragen. Alle Wände des Hauses bestehen aus extrem glatt geschaltem Sichtbeton, dessen einzige Ornamente das regelmäßige Muster der Ankerlöcher und die Abdrucke der Fugen der Schaltafeln sind. Das durch die Fenstertüren reichlich einfallende Licht spiegelt sich in den glatten Flächen der Wände und Decken. Im Kontrast zum Beton stehen die Parkettböden, die extrem filigrane Stahlspindeltreppe und die Einbauten aus spiegelndem Edelstahl, die sich jedoch nahtlos in das minimalistische Gesamtbild einfügen.

North elevation · Élévation nord · Nördlicher Aufriss

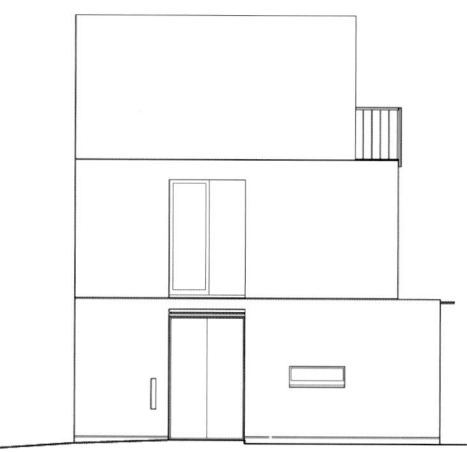

West elevation · Élévation ouest · Westlicher Aufriss

South elevation · Élévation sud · Südlicher Aufriss

East elevation · Élévation est · Östlicher Aufriss

The balanced proportions and perfect details contribute to create a feeling of total calm and harmony. The spiral staircase connects all of the floors.

Proportions équilibrées et détails parfaits créent ici une impression d'harmonie et de calme absolu. L'escalier en colimaçon relie tous les étages.

Ausgewogene Proportionen und perfekte Details tragen zu einem Eindruck vollendeter Harmonie und Ruhe bei. Die Spindeltreppe verbindet alle Geschosse miteinander.

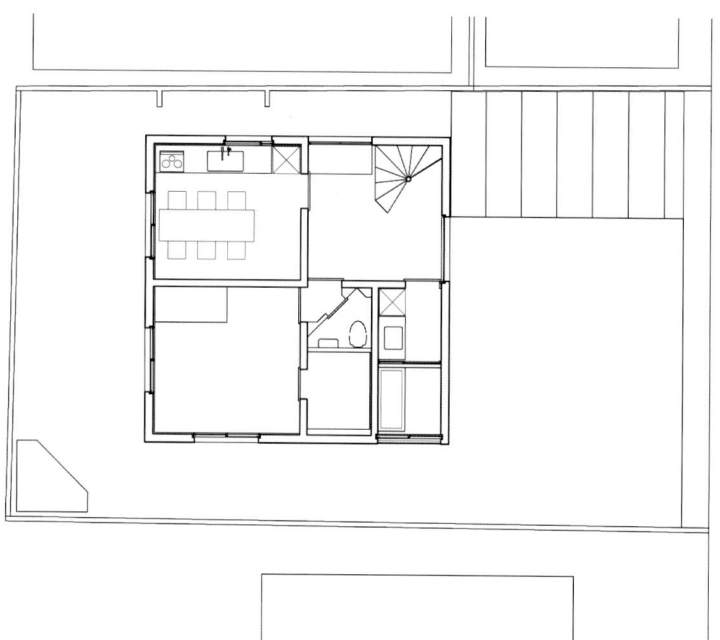

Ground floor · Rez-de-chaussée · Erdgeschoss

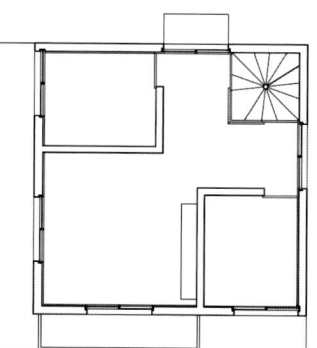

First floor · Premier étage · Erstes Obergeschoss

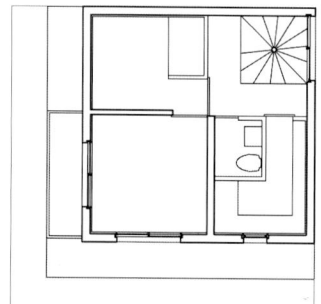

Second floor · Deuxième étage · Zweites Obergeschoss

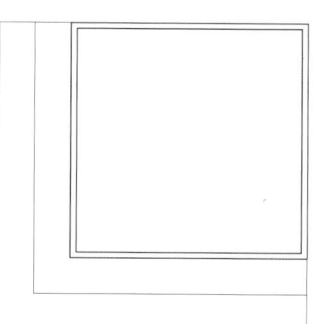

Roof plan · Plan du toit · Dachgeschoss

# Wall House

*Groningen, The Netherlands, 2002*
*John Hejduk*
*Photos © Christian Richters*

John Hejduk is one of the most important figures in the history of contemporary architecture. Born in 1929, he developed a personal, autobiographical and artistic interpretation of architecture over time that made him into one of the great theorists and an influential master. In his words, architecture must be "thought provoking, sense provoking and ultimately life provoking". Owing to his position as Dean of the Faculty of Architecture at the Cooper Union School of Art and Architecture in New York, he actually had few opportunities to put his ideas into practice. "Wall House" in Groningen was born out of a series of projects that Hejduk prepared in the 1970s. A concrete wall measuring 18 m in length and 14 m in height separates the entrance from the rooms of the house and gives the house a unique structure and its name. The rooms of the house serve as a residence for art scholarship holders, and are a lesson in fundamental spatial relationships.

John Hejduk fait partie des grandes personnalités artistiques de l'histoire de l'architecture moderne. Né en 1929, il développera au fil du temps une conception artistique-autobiographique très personnelle qui fera de lui un éminent théoricien et un enseignant influent. D'après Hejduk, la bonne architecture devrait « provoquer les idées, provoquer les sentiments et, enfin, provoquer la vie ». Doyen de la faculté d'architecture de la New Yorker Cooper Union, il lui resta toutefois peu de temps pour vraiment mettre en pratique ses idées. La « Wall House » à Groningen a été conçue à partir d'une série de croquis réalisés par Hejduk dès les années soixante-dix. Elle doit sa structure et son nom à un mur de béton de 18 m de long et 14 m de haut, qui sépare l'entrée et les salles communes. Le séjour dans cette maison, attribuée à des artistes boursiers, se transforme en leçon sur les rapports fondamentaux de l'espace.

John Hejduk ist eine der großen Künstlerpersönlichkeiten der modernen Architekturgeschichte. Geboren im Jahr 1929, entwickelte er im Laufe der Zeit eine charakteristische, autobiografisch-künstlerische Architekturauffassung, die ihn zu einem großen Theoretiker und einem einflussreichen Lehrer machte. Gute Architektur sollte, nach den Worten Hejduks, „Gedanken provozieren, Gefühle provozieren, und schließlich Leben provozieren". Als Dekan der Architekturfakultät der New Yorker Cooper Union hatte er allerdings nur selten die Gelegenheit, seine Ideen tatsächlich in die Praxis umzusetzen. Das „Wall House" in Groningen entstammt einer Serie von Entwürfen, die Hejduk bereits in den 1970er Jahren anfertigte. Eine 18 m lange und 14 m hohe Betonmauer, die Zugang und Aufenthaltsräume voneinander trennt, gibt dem Haus Struktur und Namen. Der Aufenthalt im Haus, das als Stipendiatenwohnung für Künstler dient, wird zu einer Lektion über grundlegende räumliche Zusammenhänge.

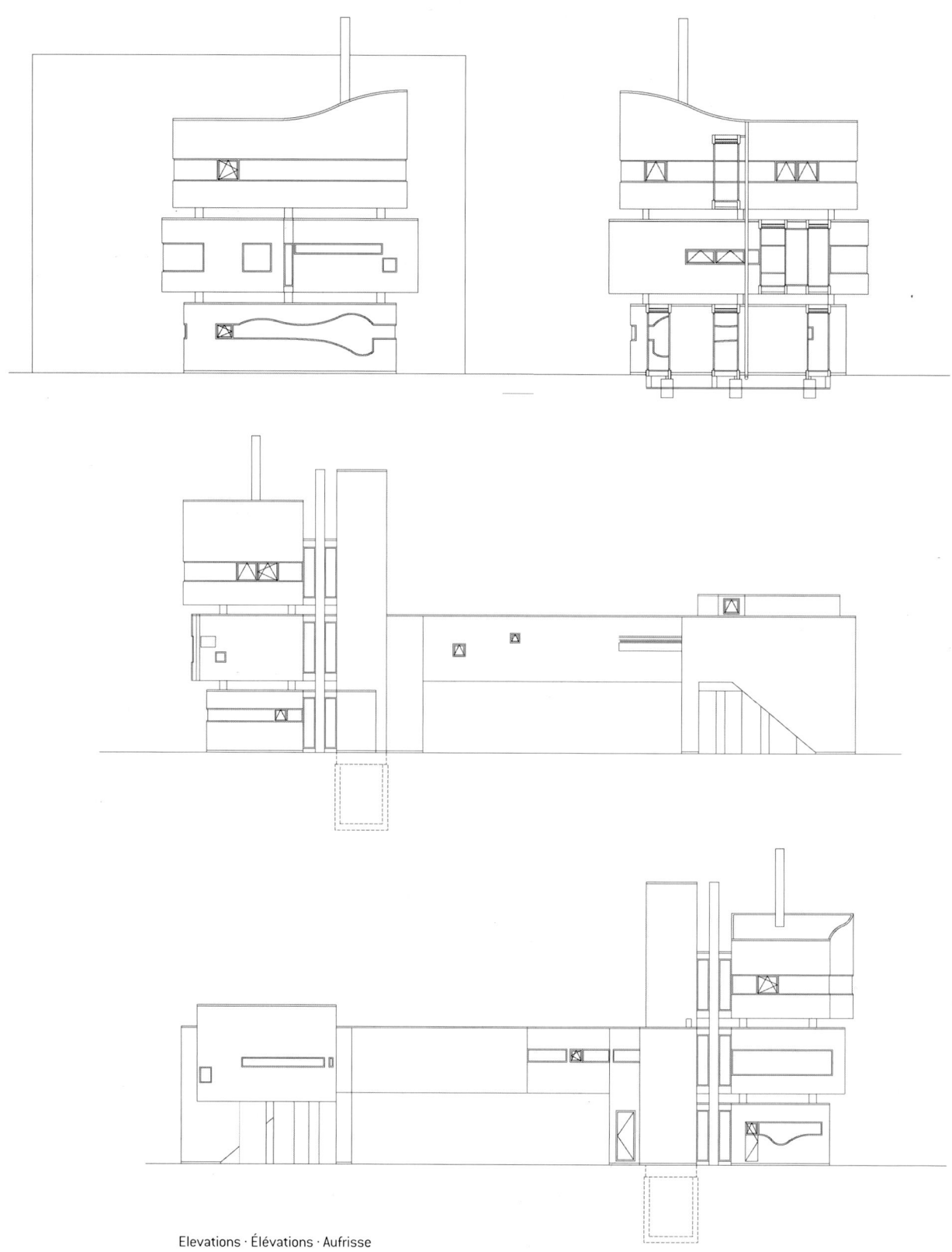

Elevations · Élévations · Aufrisse

Bands of windows with different shapes make a relatively flat landscape appear charming from the rooms of this house.

Des bandes vitrées de formes diverses confèrent beaucoup de charme même au paysage relativement plat vu depuis les pièces de la maison.

Unterschiedlich geformte Fensterbänder lassen selbst eine relativ ebene Landschaft in den Räumen des Hauses reizvoll erscheinen.

# Barro House

*Victoria, Australia, 2003*
*Wood Marsh Architects*
*Photos © Peter Bennetts*

Through its harmonious proportions, "Barro House" has the effect of a classical, symmetrical and orthodox pavilion. This two-story building is dominated by a windowless cube, whose only adornment is the vertically striated frame of gray concrete. This solid block rests on a translucent glass base. The overall effect is reminiscent of the solemn architecture of Mies van der Rohe, to which the architects make reference again and again in their design. This dwelling impresses by its symmetry, elegant proportions, noble materials and perfect details. The finely textured exposed concrete, present in several areas inside the building, is enhanced and refined when combined with quality materials in intense colors. A particularly outstanding feature is the steel and glass staircase projecting from an exposed concrete wall to join the open ground level with the closed upper level.

De par ses proportions harmonieuses, la « Barro House » ressemble à un pavillon classique, symétrique et ordonné. Cette construction à deux étages est dominée par un cube dépourvu de fenêtres et sur lequel ne ressortent que les rainures verticales du béton gris. Ce corps de bâtiment massif repose sur une base en retrait, construite en verre structuré translucide. L'ensemble rappelle l'architecture majestueuse de Mies van der Rohe, à laquelle les architectes ne cessent de se référer. La maison impressionne par sa symétrie, l'élégance de ses proportions, la noblesse de ses matériaux et la perfection des détails. Le béton apparent finement structuré, que l'on retrouve en maints endroits à l'intérieur du bâtiment, est particulièrement mis en valeur et anobli par son association avec des matériaux de haute qualité et des couleurs intenses. L'escalier de verre et d'acier, qui surgit d'un mur en béton apparent, constitue un élément original reliant le rez-de--chaussée ouvert à l'étage fermé.

In seinen harmonischen Proportionen wirkt „Barro House" wie ein klassischer Pavillon, symmetrisch und geordnet. Der zweigeschossige Bau wird dominiert von einem fensterlosen Kubus, dessen einziger Schmuck die aus senkrechten Rillen bestehende Struktur des grauen Betons ist. Dieser massive Baukörper ruht auf einer zurückgesetzten Basis aus durchscheinendem Strukturglas. Der Eindruck erinnert an die feierlich wirkende Architektur Mies van der Rohes, auf die sich die Architekten bei ihrem Entwurf immer wieder beziehen. In diesem Wohnhaus beeindrucken Symmetrie, elegante Proportionen, edle Materialien und perfekte Details. Der fein strukturierte Sichtbeton, der im Inneren des Gebäudes mehrfach zu finden ist, wird durch die Kombination mit hochwertigen Materialien und intensiven Farben aufgewertet und veredelt. Ein besonderes Element ist die aus einer Sichtbetonwand herausragende Stahl-Glas-Treppe, die das offene Erdgeschoss mit dem geschlossenen Obergeschoss verbindet.

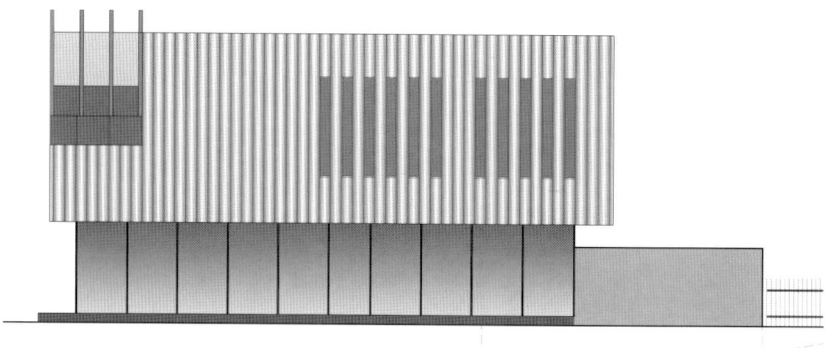

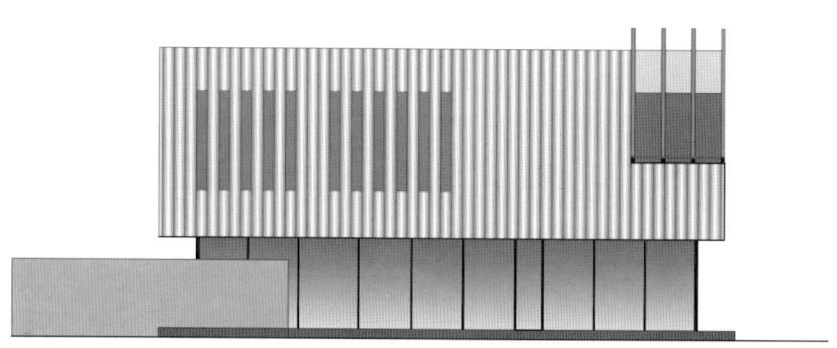

Elevations · Élévations · Aufrisse

The steel and glass staircase climbing up an exposed concrete wall joins the open-plan living room at ground level, divided by panels, and the individual rooms on the upper level.

L'escalier en acier, verre et béton qui monte le long d'un mur en béton apparent, relie l'espace de vie du rez-de-chaussée, ouvert et structuré par des murs en verre, aux pièces individuelles de l'étage.

Die entlang einer Sichtbetonwand ansteigende Stahl-Glas-Treppe verbindet den durch Wandscheiben gegliederten offenen Wohnbereich im Erdgeschoss mit den Individualräumen im Obergeschoss.

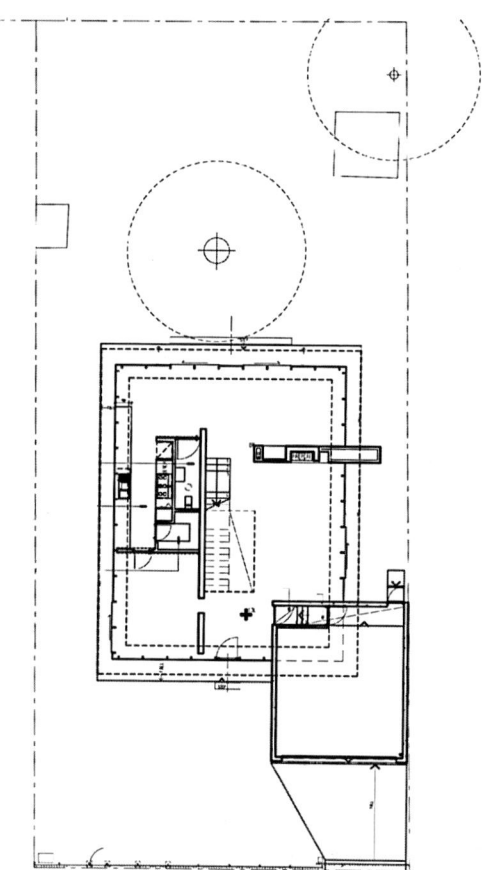

Ground floor · Rez-de-chaussée · Erdgeschoss

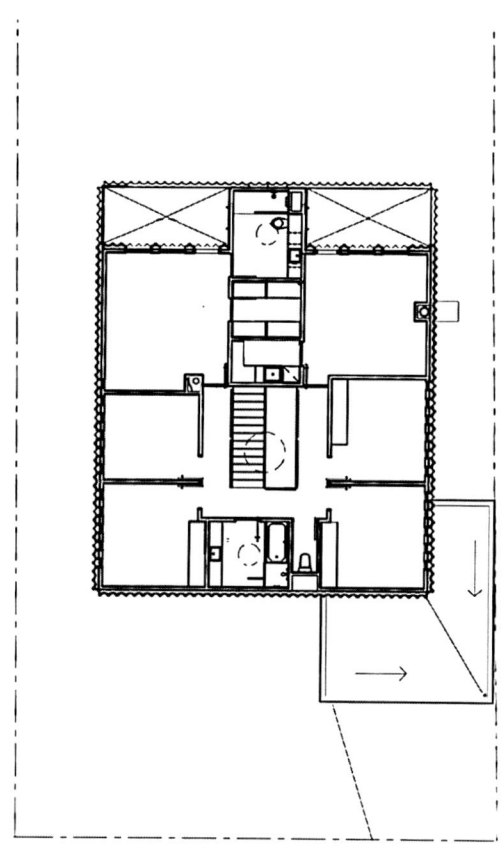

First floor · Premier étage · Erstes Obergeschoss